肉品聖經

————————

牛、羊、豬、禽
品種、產地、飼養、切割、烹調
最全面的肉品百科知識與料理之道
嗜肉好煮之人最渴望擁有的廚藝工具書

五味坊 103

肉品聖經

牛、羊、豬、禽，品種、產地、飼養、切割、烹調，最全面的肉品百科知識與料理之道，嗜肉好煮之人最渴望擁有的廚藝工具書

原 著 書 名／ Le manuel du garçon boucher
作　　　者／亞瑟‧凱納（Arthur Le Caisne）
插　　　圖／尚‧葛羅松（Jean Grosson）
譯　　　者／韓書妍
內 文 審 訂／王建鎧、蘇彥彰

總 　 編 　 輯／王秀婷
主　　　編／洪淑暖
版　　　權／徐昉驊
行 銷 業 務／黃明雪

發 　 行 　 人／涂玉雲
出　　　版／積木文化
　　　　　　104 台北市民生東路二段 141 號 5 樓
　　　　　　官方部落格：http://cubepress.com.tw/
　　　　　　電話：(02) 2500-7696　　傳真：(02) 2500-1953
　　　　　　讀者服務信箱：service_cube@hmg.com.tw
發 　 　 　 行／英屬蓋曼群島商家庭傳媒股份有限公司城邦分公司
　　　　　　台北市民生東路二段 141 號 11 樓
　　　　　　讀者服務專線：(02)25007718-9　24 小時傳真專線：(02)25001990-1
　　　　　　服務時間：週一至週五上午 09:30-12:00、下午 13:30-17:00
　　　　　　郵撥：19863813　　戶名：書虫股份有限公司
　　　　　　網站：城邦讀書花園　網址：www.cite.com.tw
香港發行所／城邦（香港）出版集團有限公司
　　　　　　香港灣仔駱克道 193 號東超商業中心 1 樓
　　　　　　電話：852-25086231　　傳真：852-25789337
　　　　　　電子信箱：hkcite@biznetvigator.com
馬新發行所／城邦（馬新）出版集團
　　　　　　Cite (M) Sdn Bhd
　　　　　　41, Jalan Radin Anum, Bandar Baru Sri Petaling,
　　　　　　57000 Kuala Lumpur, Malaysia.
　　　　　　電話：603-90578822　　傳真：603-90576622
　　　　　　email: cite@cite.com.my

封 面 完 稿／梁家瑄
製 版 印 刷／上晴彩色印刷製版有限公司

Le manuel du garçon boucher
© Marabout(Hachette Livre), Paris, 2017
Complex Chinese edition published through Grayhawk Agency.

2018 年 7 月 24 日 初版一刷　　　Printed in Taiwan.
2022 年 4 月 15 日 初版八刷
售價／ 880 元
版權所有‧翻印必究
ISBN 978-986-459-143-5（紙本／電子版）

國家圖書館出版品預行編目 (CIP) 資料

肉品聖經 : 牛、羊、豬、禽，品種、產地、飼養、切割、烹調, 最全面的肉品百科知識與料理之道, 嗜肉好煮之人最渴望擁有的廚藝工具書 / 亞瑟. 凱納 (Arthur Le Caisne) 著 ; 尚. 葛羅松 (Jean Grosson) 插圖 ; 韓書妍譯 .-- 初版 .-- 臺北市 : 積木文化出版 : 家庭傳媒城邦分公司發行 , 民 107.07

　面 ；　公分 . -- (五味坊 ; 103)

譯自：Le manuel du garçon boucher

ISBN 978-986-459-143-5(平裝)

1. 肉類食譜

427. 2　　　　　　　　　　　　　107009314

肉品聖經

作者／亞瑟・凱納
Arthur Le Caisne

水彩插圖／尚・葛羅松
Jean Grosson

譯者／韓書妍

積木文化

前言

特別的一天……

著手寫這本書之前，我覺得我必須建立扎實的基礎，就像房屋的結構柱或結構牆。我找了許多科學研究，讀了很多很多書。除此之外，我也見了許多人，像是畜牧業者、知名肉品業界人士、餐飲業者等，但總是得到很普通的答案，交流沒有產生任何火花。進行得並不順利，我開始感到氣餒……

然後有一天，我分別前去拜訪一位肉鋪商人與一位畜牧業者，前者住在桑斯（Sens），後者在伯恩（Beaune），他們是Jean Denaux和Fred Ménager。Jean和Fred（我很幸運現在和他們熟到可以直呼名字！）在法國和國外都是業界的指標性人物。你們可能不認識他們，因為他們對經營媒體和網路沒什麼興趣。打造罕見的優質禽肉與畜肉才是他們關心的事，這根本就是高級訂製服的等級了！

我先拜訪Jean Denaux，他可是肉品熟成的專家！他對熟成（maturation）非常講究，甚至可以用熟成乳酪（affinage）的過程比喻之。他的工作方式就和熟成高級乳酪或頂級佳釀沒有兩樣。

我們聊了很久，我抄下他說的每一句話。他對自己專業的要求和科學素養讓我瞠目結舌。看著對我解釋的Jean，他的藍色眼睛目光銳利，雙手纖細卻有力。從他身上我明顯感受到活力與智慧，幾乎令人招架不住。

接著我前往拜訪Fred Ménager。在家禽業，Fred可說無人不曉。

我們聊了整個下午，他向我介紹他的家禽，部分品種非常罕見、過去近乎絕跡，他則為復育盡了一份心力。Fred充滿魅力與智慧，擁有難以想像的學問，我從來沒有在其他養殖業者身上見過，有人可以對自家動物有如此多的愛，及對品質有如此高的要求。我的筆記本再度抄滿寶貴的資訊。

事實上，那天也是本書正式啟動的日子，因為我找到之前想要尋求的一切：智慧、學識、熱情、眼界，還有樂於分享的結晶……

謝謝Jean，也謝謝Fred，為我帶來難忘的一天，以及你們樂意與我分享的一切。

目錄

動物

最佳肉牛品種

牛肉的風味並非來自於肌肉,而是來自肌肉裡外的脂肪。每一個品種皆發展出獨有特色,食物、飼養處的天候與環境都是養成特殊風味不可或缺的條件。此外,牛隻對壓力非常敏感,因此也要對牠們付出關愛。

極品中的極品

松阪牛

嚴格來説松阪牛(Matsusaka)並不是品種,牠是和牛,品種為黑毛和種(見16頁)。只有從未交配的小母牛會在大阪附近的田島谷地競標拍賣,接著移至日本西南部的松阪區飼養。圈養時,兩頭一欄,餵食稻草、大麥、啤酒粕等穀物肥育。飼主會放音樂,避免牛隻感受到任何壓力。溫和氣候與純淨水質大大提升松阪牛的獨有美味。松阪牛最為人稱道的就是品質絕佳的油脂,其肉質並非瘦肉中帶雪花般的油脂,而是油脂中帶有雪花般的瘦肉。品嘗松阪牛是極特別的體驗,油脂在口中融化,肉汁豐沛,文字難以形容。這是一生中一定要吃一次的牛肉,絕對令你難以忘懷!

母牛:700公斤 **屠體:**400公斤

*編註:肉味(Animale),應指動物肌肉組織中特有的鹹甜味,主要來自肌肉蛋白質分解後產生的各種風味物質,不同肉用動物特有的肉味也不同。牛因肌肉含有豐富的肌紅蛋白,因此這種肉味往往更加強烈鮮明。

加利西亞紅毛牛

加利西亞紅毛牛(Rubia Gallega)來自靠近海洋的加利西亞省,是西班牙西北部的品種,也是阿基坦金毛牛(Blonde d'Aquitaine)的近親,在法國常稱為Rouge de Galice。古代認為這是混合品種牛(乳肉兼用,可當乳牛也可當肉牛用),因此飼養時間遠比盎格魯-薩克遜品種長,可達8至15年。雖然最初的品種標準於1933年制定,不過早在此之前就已開始選種。加利西亞紅毛牛享有溫暖舒適的氣候,吃的是受浪花滋養、含碘的豐美青草,全年放牧,毫無壓力,肌肉內外都長出豐富脂肪,滋味絕佳。肉質風味鮮明、帶辛香料風味、肉味*濃郁並帶鹹味。脂肪幾乎為結晶狀,在口中留下悠長美妙餘韻。松阪牛和加利西亞紅毛牛多次名列世界最佳肉類。

公牛:900至1100公斤 **母牛:**650至700公斤
母牛屠體:380公斤

極品

梅贊克霜降牛

梅贊克霜降牛（Fin Gras du Mézenc）並不是品種，而是由夏洛萊（Charolaise）、奧布拉克（Aubrac）、利穆贊（Limousine）等品種組成的法定產區命名（Appellation d'Origine Contrôlée，AOC），以及這些品種之間的雜交。梅贊克霜降牛飼養在中部山區東側，此地冬季長，春季短暫；牛隻主要以含大量阿爾卑斯茴香（cistre）的牧草肥育，每年二月一日和五月三十一日之間屠宰。肉質軟嫩富油花，長時間低溫烹調就能帶出牛肉最迷人的特色。
公牛：850至1400公斤 **母牛**：550至900公斤
母牛屠體：300至500公斤

荷蘭牛

荷蘭牛（Holstein）源自北方海岸，在比利時又稱為黑白花牛（Pie noire），法國則稱佛里斯黑白花牛（Frisonne Pie niore）。荷蘭牛是全世界產乳量最高的品種，不過現在我們知道，荷蘭牛在青草地上放牧並肥育後也能產出絕佳牛肉，尤其是歐洲北部。肉質軟嫩帶漂亮油花，風味濃郁。
公牛：900至1200公斤 **母牛**：600至700公斤
母牛屠體：330至380公斤

亞伯丁安格斯牛

可別將亞伯丁安格斯牛（Aberdeen Angus）和美國黑安格斯牛（Black Angus）搞混了，後者來自美國，養在飼育場，餵食大量蛋白質和抗生素。亞伯丁安格斯牛源自蘇格蘭東北部的亞伯丁郡和安格斯郡，因此得名。牛隻體型中等，抵抗力強且極早熟，肉質細嫩，有美麗的油花與脂肪。
公牛：800至1000公斤 **母牛**：650至700公斤
母牛屠體：340至380公斤

高地牛

高地牛（Highland）牛如其名，發源地當然是蘇格蘭西北部的高地。此區多丘陵和山地，佈滿荒地，因此牧場非常貧瘠。高地牛是唯一能夠在如此偏僻地區生存的牛隻，體型嬌小，全身長滿可抵禦寒冬的長毛，夏季時則脫去毛皮。肉質呈深紅色，富含肌外脂肪，油花漂亮，風味粗獷。
公牛：800至1000公斤 **母牛**：500至600公斤
母牛屠體：270至330公斤

最佳肉牛品種

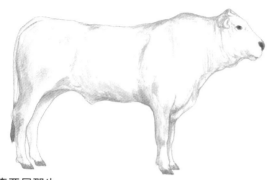

奇亞尼那牛

奇亞尼那牛（Chianina）來自托斯卡尼的奇亞那河谷地，歷史超過2,000年，是全世界最古老的品種，而且肩高超過180公分，也是體型最高大的品種！奇亞尼那牛原本是役用牛，後來成為佛羅倫斯丁骨大牛排（bistecca alla florentina）的首選品種。肉質油脂少，滋味十足，並帶些許香草植物氣息。
公牛：1100至1300公斤　**母牛**：800至1000公斤
母牛屠體：440至550公斤

巴札灰毛牛

巴札灰毛牛（Bazadaise）無疑是最古老的法國品種，來自伊比利和阿基坦品種的雜交。過去在波爾多一代用於農耕，第二次世界大戰後幾近絕種。雖然在少數畜飼育者努力復育下不致絕跡，但是現在仍難得一見。深紅色的牛肉充滿油花，經常被拿來和安格斯或長角牛相比較，可惜在市場上非常罕見。
公牛：800至1000公斤　**母牛**：650至750公斤
母牛屠體：340至410公斤

長角牛

長角牛（Longhorn）原產於英國北方，不僅是最古老的英國品種，還是100%英國血統。形狀特殊的長牛角是此品種最大特色，一度是英國最盛行的品種，但在1980年代幾乎絕跡。長角牛不同於西班牙血統的德州長角牛（Texas Longhorn），是純種肉牛，適應力極佳，肉質風味濃郁帶尾韻，肉和油脂的比例均衡。
公牛：900至1000公斤　**母牛**：550至600公斤
母牛屠體：300至330公斤

奧布拉克牛

奧布拉克牛（Aubrac）來自法國中央高原東南部，是體型中等但結實的山區品種，而且對各個季節的牧草飼料都不挑食。不過春夏兩季才是養成其風味的主要季節；此時牧草茂盛，包含多種只在此地區生長的植物，因此奧布拉克牛富有香草植物與野味氣息。
公牛：850至1100公斤　**母牛**：550至750公斤
母牛屠體：310至420公斤

薩勒牛

薩勒牛（Salers）原產於法國中央高原，體型高大粗壯，毛色深紅，接近桃花心木色，冬季會換上長毛，能承受中央高原冬夏兩季的極大溫差。過去飼養薩勒牛主要是為了高品質的牛奶，如今則是為了優質的牛肉：其肉極富特色，色澤鮮紅、略緊實。

公牛：1000至1300公斤 **母牛**：650至900公斤
母牛屠體：360至450公斤

夏洛萊牛

原產於索恩和羅亞爾的夏洛萊牛（Charolaise），體型大、肌肉結實，是法國最早的乳牛品種。由於適應力強，現在法國各地都能見到夏洛萊牛。公牛常被用來改良其他牛種。以夏洛省法定產區牛肉（AOC Bœuf de Charolles）品質最出色，充滿油花，多汁有嚼勁，兼具植物氣息與肉香。

公牛：1000至1400公斤 **母牛**：700至900公斤
母牛屠體：380至500公斤

錫蒙塔牛

乳肉兼用的錫蒙塔牛（Simmental）源自瑞士錫蒙河谷，屬於紅白花牛大家族，強勁有力，除了可適應各種氣候，也能接受品質普通的牧草飼料。此品種在法國稱為「法國錫蒙塔牛」（Simmental française），小牛、閹公牛和小公牛皆極受歡迎。牛肉帶漂亮油花，滋味豐富，充滿嚼勁。

公牛：1000至1250公斤 **母牛**：700至800公斤
母牛屠體：380至440公斤。

紅毛牧原牛

紅毛牧原牛（Rouge des Prés）體型高大、臀部肌肉發達，過去叫做曼恩－安茹牛（Maine-Anjou），是曼瑟牛（Mancelle）和英國肉牛品種杜罕牛（Durham）的混種。紅毛牧原牛毛色為白底深紅花，極早熟，肥育容易，同時也是雙胞胎率最高的品種。肉質軟嫩，滋味濃郁且多汁。

公牛：1100至1450公斤 **母牛**：750至850公斤
母牛屠體：410至470公斤

最佳肉牛品種

赫里福德牛

赫里福德牛（Hereford）是英國品種，來自英國西部靠近威爾斯的赫里福德郡，為純肉用牛，過去一度是乳肉役三用品種。赫里福德牛體型中等，有無角（無角赫里福德牛，Polled Hereford）或有角，適應力強且極早熟，約18個月即進入屠宰前期。肉質滋味濃郁，肌內肌外皆有漂亮的油脂。

公牛：800至1100公斤 **母牛**：650至750公斤
母牛屠體：360至410公斤

短角牛

可別將肉用短角牛（Beef Shorthorn）和乳用短角牛（Dairy Shorthorn）搞混了。此品種過去稱為杜罕牛（Durham），原產於英國東北部，毛色從紅色、白色，到紅白花皆有。無角品種稱為無角短角牛（Polled Shorthorn）。短角牛非常早熟，有雪花般的油脂，還有漂亮美味的皮下脂肪。

公牛：900至1100公斤 **母牛**：600至700公斤
母牛屠體：330至390公斤

蓋洛威牛

源自蘇格蘭蓋洛威省的蓋洛威牛（Galloway）是英國最古老的品種之一。蓋洛威牛相當強韌，在凄風苦雨的蘇格蘭荒原也能生存。蓋洛威牛飼養容易，體型矮小但壯碩，全身長滿長捲毛，白帶蓋洛威牛（Belted Galloway）則為黑底上長有一圈白毛。肉質軟嫩，油脂雖少卻非常美味。

公牛：800至1000公斤 **母牛**：500至700公斤
母牛屠體：300至400公斤

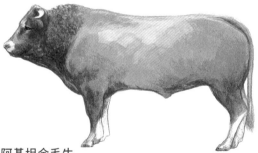

阿基坦金毛牛

阿基坦金毛牛（Blonde d'Aquitaine）是純肉用品種，體型大，成長快速，毛色淡黃，由三個阿基坦品種混種而成：加隆牛（Garonnaise）、凱爾西牛（Quercy），以及庇里牛斯金毛牛（Blonde des Pyrénées）。此品種能輕鬆適應各種氣候，而且屠宰率*高，因此是最受肉商喜愛的品種。其肉油脂少，因此滋味較清淡。

公牛：1200至1500公斤 **母牛**：850至1100公斤
母牛屠體：550至700公斤

*編註：即屠宰分切後，真正可以食用的部分，通常不含毛皮骨血與部分內臟。現場計算上常以淨肉率為基準，判斷屠宰後所得肉重和屠宰前體重的比率。

和牛

啊，和牛！就是我們一天到晚聽到的「全世界最美味的牛肉」！和牛肉中的油脂幾乎超過瘦肉，令人聯想到法國的肥肝。現在忘掉你對肉類所有的認知吧，因為這與和牛簡直是雲泥之別，和牛已經是另一個境界了⋯⋯

讓我們直接切入主題：和牛——Wagyu——並不是一個品種，指的是日本牛而已。「wa」的意思是「日本」，也表示「平和、和諧的精神」，「gyu」的意思則是「牛」。和牛包含數個日本品種。

為什麼滋味無與倫比？

在法國，人們喜歡鵝肝或鴨肝增肥後製成的高級品。在日本，人們肥育牛隻也出於相同原因：其肉質美味出眾，軟嫩口感無可比擬，油脂有如糖果在口中融化，帶奶油風味，還有些許甜味和花香。呼⋯⋯總之只可意會，不可言傳！

和牛小歷史

西元前400年，和牛的祖先由於耐力強，從韓國被帶入日本。這些牛隻能長出許多肌內脂肪，提供勞動時的能量。

1635年到1853年期間日本鎖國，由於宗教以及動物對農耕不可或缺，因此禁止食用任何四隻腳的動物；鎖國結束後日本人因需要牛肉而飼養和牛。1864年開始，引進歐洲牛進行混種，提高和牛成長速度。

飼養

小牛時期即競標賣出，母牛們（日本短角牛除外）飼養在牛舍，通常兩頭一欄，餵食穀物（玉米、大麥、麩皮、稻草⋯⋯）、飼料米、稻米青貯飼料，以及最

不同於西方國家的牛肉，高級和牛的油脂甚至多於瘦肉。油脂的多寡與品質高低，正是和牛的獨特之處。

重要的啤酒糟。啤酒糟是大麥外皮，以及製作啤酒時在發酵期間不溶於水的澱粉與蛋白質殘渣。當然啦，全都不含抗生素。

飼育者會對牛隻溫柔地說話、撫摸，並仔細地擦拭毛皮。總之和牛是在充滿愛的環境下，毫無壓力地肥育。視牛隻成長速度，在26到30個月大時屠宰。

分級

屠宰後，由獨立的檢視人員為屠體打分數。評分建立在兩大標準上：肉質與淨肉率（即每頭牛的重量與淨肉比例）。

肉質依顏色、色澤、結實度與紋理評分；油脂的顏色、色澤，以及雪花分布 也會列入評分標準。

分數從1到5，5是最佳分數；淨肉率為C到A，A是最佳分數。結合這兩個標準的評分就是屠體的總分：A5最高分，C1則最低分。

和牛

品種

和牛只包含下列四大品種：

黑毛和種
過去做為役用牛，現在則是最常見的品種，90%的和牛為黑毛和種，日本各地都有飼養。肌內脂肪顏色雪白。

無角和種
無角和種是黑毛和種與亞伯丁安格斯牛的混種，日本西南部的山口縣為主要飼養區。體型較其他和牛嬌小。

紅毛和種
紅毛和種僅在日本西南部的熊本縣可見，是赤牛與錫蒙塔牛的混種，特色是油脂和瘦肉比例均衡。

日本短角和種
日本短角和種誕生於19世紀末，為南部牛與美國短角牛的混種，是最少見的品種。餵食牧草飼料，雪花油脂較少。

最好的和牛

生於大阪附近田島谷地的黑毛和種是品質最好的和牛。小牛飼養在松阪、近江或神戶。牛隻飲用水的純淨度與特有食物，使不同產區和產地命名的牛肉各有特色。

松阪牛

被譽為最美味的和牛，雪花紋理細緻、油脂入口即化、軟嫩度無可匹敵。松阪牛不像其他和牛，不需太熟即可食用，甚至可做成刺身生食。即使在日本也很難買到。

近江牛

近江牛是最早做為肉用牛飼養的品種。油脂的雪花紋路也非常細緻，微帶甜味。據說在禁止食用牛肉的時代，會將味噌醃漬的近江牛肉薄片獻給將軍，做為養生食品。

神戶牛

1853年，日本結束鎖國後開通神戶港，外國人終於能夠品嘗遠近馳名的和牛。雖然神戶牛不若松阪牛和近江牛細緻，但美味程度也夠誇張了。

此外還有其他優質和牛，像是米澤牛、岩手短角牛、常陸牛、上總牛、京都牛、宮崎牛，還有赤牛……

日本以外的和牛

日本和牛過去很長時間是禁止出口的；現今每個月出口到歐洲的屠體數量仍非常少。近二十年，美國、澳洲和智利以黑毛和牛混種，開始飼養生產和牛。法國、英國，甚至瑞典現在也飼養和牛，但是這些地方生產的和牛品質自然無法與日本和牛相提並論……

總之，在日本以外生產和牛，就好比在美國做卡蒙貝爾乳酪、在澳洲釀造香檳、在德國製作帕瑪火腿，雖然看起來像，吃起來卻完全不是那麼回事。

如何料理和牛？

和牛主要是為了日本料理的口味與傳統而飼育，因此肉片必須薄切，使其無須咀嚼，入口即化。在重量相同的前提下，切薄片比切方塊更理想，因為能創造更多表面積，大大提升風味與香氣。

日本和牛的料理方式：

壽喜燒：以鑄鐵製淺鍋——壽喜燒鍋——烹煮的牛肉料理，加入醬油、清酒和糖，煮成微微焦糖化的醬汁，煮好的牛肉再沾一下生蛋液。壽喜燒是燒烤也是火鍋，絕對是最適合和牛的料理方式。千萬別跟我說壽喜燒是日式火鍋！在大阪——壽喜燒的發源地——可是完全不加高湯的。啊，想到就流口水……

韓式烤肉：牛肉切薄片後，放在韓式炭火烤肉爐上。烤肉時，多餘的油脂會滴入烤爐，即使烤至七分熟呈金黃色，肉片仍保有軟嫩口感。

涮涮鍋：極薄的肉片放入清爽高湯中燙熟，接著以酸爽的柚子醋或甜甜鹹鹹的胡麻醬調味。

牛丼：高湯以味醂、醬油和洋蔥提味，放入牛肉煮熟。碗中盛白飯，鋪上牛肉，淋上高湯，最後放上水波蛋，撒山椒粉。

蒸籠蒸：竹蒸籠放進蔬菜，然後鋪上和牛肉片蒸熟。烹調過程中，牛肉中的油脂會稍微融化，為蔬菜增添滋味。

其他料理方式：

鐵板燒：日式鐵板燒。厚薄適中的牛肉塊直接放在熱燙鐵板上料理，烹調過程中漸次切成方塊，除了避免熟度不均勻，也較容易入口。

網格烤盤煎或平底鍋煎：老實說，這不是品嘗和牛的最佳方式，不僅無法充分展現牛肉的美味，口感也會太油膩。

牛的小歷史

你認識Bos primigenius嗎？這是原牛的學名，牠們是家牛的祖先，如今已改頭換面……

從原牛到現代牛

原牛體型龐然，肩高可達2公尺：牠們是未馴化的野牛，有一對巨大的牛角，兩百萬年前出現在印度。隨後散播至中東，接著抵達亞洲、歐洲和北非。尼安德塔人的時代就已開始獵捕原牛。

2公尺

原牛的馴化約始於8,000到10,000年前，部分在土耳其形成無角牛，演變為現代家牛；部分在印度－巴基斯坦變成有角的亞洲牛，是瘤牛的祖先。人類最早為了農耕與取奶而飼養原牛，後來帶著馴化的原牛遷徙至歐洲。透過與未馴化的原牛雜交，逐漸演變成另一個物種。

養殖者依照想要的特性，培育出最適合各地需求的品種，例如諾曼地的奶油、弗朗什－康堤的乳酪、法蘭德的牛奶，及夏洛萊的牛肉。

肉用牛的育種

16世紀，英國開始發展農業，並飼養牛隻食用。18世紀末，出口至歐洲、南美及北美的短角牛孕育出許多英國與歐洲大陸牛種。

然而在法國，育種卻屢屢失敗。只有法國中部與南部發展出肉用品種，不過整體而言，飼養牛隻多半是為了役用與牛奶，退役的牛才屠宰食用。

同時間，英國的畜牧業大幅進步，培育出肉質極佳的肉牛品種。

法國開竅了

20世紀末，法國畜牧業者終於開始搶救保留古老品種，這股風氣迅速風靡眾人。許多品種肉質絕佳，如巴札灰毛牛、科西嘉牛、梅贊克霜降牛，吸引大批內行人。

牛的種類

在法國，可生小牛與產乳的牛有三大類：

乳用牛

其功能為產乳供人類飲用。為了保持產乳能力，牠們每年都必須生小牛，肉質大多極差。

哺乳牛／肉用牛

可產乳哺育小牛的肉用牛，因此稱為「哺乳牛」。通常產乳量不足，因此必須另外餵食小牛全脂牛乳。不過肉質非常出色。

乳肉兼用牛

這種牛既可產乳也可產肉，兼有前兩者的特性，肉質和乳品質都有一定水準。

牛的家族稱謂

如果你只認得出牧場牛，那麼你可能需要一張圖表……

小牛
母牛的寶寶來到世界上後，就稱為小牛，無論公母，最初6個月都叫做小牛。

小牛長大後，公母開始有別。體重主要取決於小牛的品種。

如果是母的：　　　　　　　　　　　如果是公的：

女牛
尚未與公牛交配，也還沒生過小牛的母牛，稱為女牛（génisse）。通常會保持處子之身到3歲，長成亭亭玉立的女牛！盎格魯－薩克遜品種的女牛超、級、好、吃！牛肝也是至高的美味。

小公牛
以灌食方式餵養使其快速增肥。大賣場販售的燉煮用牛肉塊大多是小公牛（taurillon）。

公牛
公牛（taureau）一生中絕大多數的日子都非常逍遙，也為母牛們帶來快樂。一年最多可生30頭小牛，簡直是超人！榨到一滴不剩後，公牛就一文不值了：精盡牛亡，肉硬的像鞋底。

閹公牛
如果公牛一不小心（別懷疑，去勢就是要攻其不備）被摘去睪丸，就變成閹公牛（bœuf），生長速度也會減緩。肌肉和脂肪的比例變的均衡，脂肪比母牛多，滋味也較鮮明。

母牛
女牛生過小牛後，就稱為母牛（vache）。這些就是法國肉鋪的主要牛肉來源。品種和年紀會左右肉牛的品質。

食物與肉的品質

優質肉牛生活在草原上，吃的是青草。雖然青草或冬季的牧草飼料不會改變牛肉，但是肌肉周圍的脂肪會捕捉食物中不同的風味，這正是影響牛肉品質的關鍵。

肉牛必須經過3個月稱為「屠宰前期」的階段：這是牛隻的肥育時期，至關重要。各個季節餵給牛隻的食物，會形成不同的風味，因此肥育會決定牛肉的品質。

秋冬的牧草乾料
麥桿、大豆、葵花籽、芥花籽、小麥、大麥、乾草……

春夏的新鮮牧草
青草、苜蓿……

冬季
冬季沒有足夠青草可餵養優質肉牛，因此畜牧業者會給予乾草和營養補充品。乾草會賦予油脂……乾草風味，同時「肉味」也較強烈。

春季
下了一個冬天的雨後，陽光逐漸重返大地，青草漸趨豐美，草原上開滿小花。牛隻們大快朵頤，養出清爽、帶花香與隱約有青草氣息的肉質。

夏季
夏季來臨，烈日當頭，豐美的草地開始變乾，但還是有些許小花。肉質入口後可嘗出乾燥青草、乾草的香氣，但較冬季清淡。仍然保有花香，餘韻帶有「肉的風味」。

秋季
秋天帶著雨降臨，該收起烤肉架了。土壤再度變得濕潤肥沃，這是冬季前最後一波茂盛的青草，牛隻們也把握機會在冬季來臨前享用最後一頓大餐。

盤中風味：
未熟成：
12月、1月、2月的滋味強烈。

盤中風味：
未熟成：
3月、4月、5月的滋味清爽。

盤中風味：
未熟成：
6月、7月、8月略帶肉的風味與花香。

盤中風味：
未熟成：
9月、10月、11月仍保有些許夏季的滋味。

熟成60天後：
2月、3月、4月的滋味強烈。

熟成60天後：
5月、6月、7月的滋味清爽。

熟成60天後：
8月、9月、10月略帶肉的風味與花香。

熟成60天後：
11月、12月、1月仍保有些許夏季的滋味。

牛肉的切割

切割牛肉需要高超的手藝。牛的肌肉量極大，因此對應不同料理方式，
也有各式各樣的切割法。

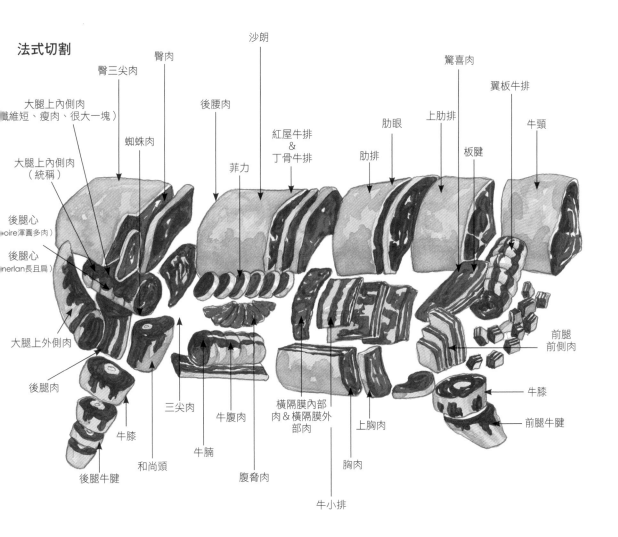

法式切割

沙朗
臀肉
臀三尖肉
驚喜肉
翼板牛排
大腿上內側肉
（纖維短、瘦肉、很大一塊）
蜘蛛肉
後腰肉
肋眼
上肋排
牛頸
紅屋牛排
＆
丁骨牛排
大腿上內側肉
（統稱）
菲力
肋排
板腱
後腿心
oire渾圓多肉）
後腿心
nerlan長且扁）
大腿上外側肉
前腿
前側肉
後腿肉
牛膝
三尖肉
牛腹肉
橫隔膜內部
肉＆橫隔膜外
部肉
上胸肉
前腿牛腱
牛膝
後腿牛腱
和尚頭
牛腩
腹脅肉
胸肉
牛小排

英式切割

此切割法相當單純，由
於牛肉常用於燜燉料
理，因此不需要分切所
有肌肉。

美式切割

此切割法也相對簡單。
此外，有些美國肉販採
用分類更細緻的法式切
割。

牛肉部位小字典

買肉時，別再跟肉販說「給我牛排」或「我要做燉肉用的」；精確地說出部位名稱，才能買到符合喜好與需求的牛肉。

好吃！ 三尖肉

三尖肉（aiguillette baronne）可烘烤或切牛排，不過燉煮最能表現肉質特色。名稱來自長錐狀的外型。

好吃！ 蜘蛛肉

蜘蛛肉（araignée）的美味絕對驚為天人：口感軟嫩、滋味鮮明、尾韻長。適合一分或三分熟，以免肉質變硬。

上肋排

上肋排（basse côte）位在肋排之前，切薄片炙烤才能充分享受其美味，悶燉也很適合。此部位油花多、富油脂，風味濃郁有嚼勁。

牛腩

牛腩（bavette à pot-au-feu）是富含油脂的肌肉，如三明治般包住腹脅肉，形狀扁長，適合做成蔬菜牛肉鍋（pot-au-feu）。

腹脅肉

腹脅肉（bavette d' aloyau）肌肉纖維長但不過度緊密，帶少許油花，是腹肉最軟嫩美味的部分。熟成後風味更濃郁。

側腹牛排

側腹牛排（bavette de flanchet）靠近腹脅肉，同樣以鬆散的長條狀肌肉纖維構成，但肉質較硬，風味遜於腹脅肉。

牛頸

牛頸（collier）較不為人所知，好吃但油脂相當多，適合小火慢煮。做成蔬菜牛肉鍋非常美味。

好吃！ 肋排

肋排（côte）是脊突周圍的肌肉，油花豐富、肉質軟嫩，充分熟成後美味難以言喻。厚度4公分以上較佳。

肋眼

肋排去骨後即為肋眼（entrecôte），優點相同，也可用火烤，不過須避免切得太薄，2公分以上為佳。

仿蜘蛛肉

仿蜘蛛肉（fausse araignée）很靠近蜘蛛肉，但是品質略遜，主要用來做瑞士炸肉鍋（fondues bourguignonnes）。

好吃！ 沙朗

沙朗（faux-filet）位在菲力上方，是最美味的部位之一：肉質瘦纖維短，極細嫩鮮美。適合厚切炙烤。

菲力

菲力（filet）是極少運動的肌肉，位在牛的腰椎和消化器官之間，具有避震功能。由於肌肉纖維短，肉質非常軟嫩，但是滋味平淡。

小菲力

小菲力（filet mignon）和菲力完全無關！它位在脊椎上段，常用於普羅旺斯紅酒燉牛肉、布根地紅酒燉牛肉，偶爾也做成牛排。

牛腹肉

牛腹肉（flanchet）牛腹部的整塊肌肉，肉質緊實，適合熬煮，能讓美味釋放到高湯中，如蔬菜牛肉鍋。

牛膝（前腿或後腿）

牛膝（gîte）結實富膠質，適合燉煮，將滋味釋放到高湯或湯底。前腿牛膝在法文中稱為「gîte-gîte」。

後腿肉

後腿肉（gîte à la noix）是大腿中間的肌肉，纖維長且肉質細嫩，經常用於燉煮或料理成蔬菜牛肉鍋，偶爾也用於烘烤。

橫隔膜外部肉

橫隔膜外部肉（hampe）極薄，長長的肌肉纖維清晰可見，就在橫隔膜內部肉旁邊，滋味鮮美，三分熟最好吃！

牛腱（前腿或後腿）

牛腱（jarret）肉質結實富膠質，最適合燉煮，讓膠質釋放

美味與光澤。

牛頰肉

牛頰肉（joue）鮮為人知卻非常美味，肉質瘦但軟嫩鮮美。適合小火慢燉，熬出美味精華。

前腿前側肉

前腿前側肉（jumeau）又可分為兩個部分：一是可切成牛排的上前腿前側肉（jumeau à bifteck），二是適合燉煮的下前腿前側肉（jumeau à pot-au-feu）。

翼板牛排

翼板牛排（macreuse à bifteck）就在板腱旁邊，最適合做成……牛排！剔除中央的筋後，就是油脂少又美味的牛肉啦！

後腿心

後腿心（merlan）外型如牙鱈般扁長而得名。肌肉纖維短，非常細嫩，但滋味較平淡。做成牛排最理想。

後腿前側肉

後腿前側肉（mouvant）滋味豐富但肉質結實。經常做為牛排食用。

好吃！ 橫隔膜內部肉

橫隔膜內部肉（onglet）的美味令人難以置信，但是不易購得，因為體積小，肉販也必須花費不少功夫才能切出。滋味鮮美、肉質軟嫩，一分或三分熟最好吃！

骨髓

骨髓（os à moelle）取自前小腿或後小腿，可在燉肉時加入，讓料理滋味更豐富。也可簡單地水煮或烘烤。

板腱

板腱（paleron/macreuse à braiser）的肉質軟嫩，可燉煮或做成蔬菜牛肉鍋。上部可切成牛排，非常鮮美。

牛小排

牛小排（plat-de-côte）為下方肋骨部位，肉質結實，需要長時間烹煮（燉煮）使其軟化發揮美味。

後腿心

後腿心（poire）體積不大但渾圓多肉，外型像梨子（poire）而得名。肌肉纖維短，因此非常柔嫩，風味還算鮮美。可做成美味的牛排。

胸肉

胸肉（poitrine）是鮮為人知的少用部位，卻能做出美味燉煮料理，也非常適合醃漬，製成有名的煙燻牛肉（pastrami）。

紅屋牛排和丁骨牛排

紅屋和丁骨牛排（porterhouse & T-bone）為腰脊末端切片，呈丁字，兩者皆包含菲力和沙朗。

牛尾

牛尾（queue）油脂雖多，做成蔬菜牛肉鍋的美味絕對令人驚艷。軟嫩帶膠質，也可製成肉凍（terrine）。

大腿上外側肉

大腿上外側肉（rond de gîte）是臀部又長又圓的部分，肉質瘦，軟嫩鮮美。外型非常適合製作烤肉或生牛肉薄片。

和尚頭

和尚頭（rond de tranche）在後腿上前方，骨頭可燉煮，增添風味。

臀肉

臀肉（rumsteck）可分成三個肌肉纖維短且美味的部分：紡錘肉（aiguillette）、臀肉心和臀菲力，臀菲力風味更勝菲力，一定要試試看。

上胸肉

上胸肉（tendron）是牛隻腹部內側的肌肉，夾帶脂肪與肋骨軟骨，長時間烹煮就能讓肉質變得軟嫩。

大腿上內側肉

大腿上內側肉（tranche）為瘦肉，軟嫩纖維短，經常做成英式烤牛肉（rosbif）。

鮮為人知的部位

臀三尖肉

臀三角尖（picanha）外層是漂亮的油脂，下方的肉質略瘦，有點像鴨胸肉。是阿根廷人最喜愛的部位。十分美味。

好吃！ 後腰肉

後腰肉（royal）位在臀肉和沙朗之間，富油花，非常鮮嫩美味。最好提前向肉販訂購。

好吃！ 驚喜肉

驚喜肉（surprise）在肩胛骨上方的肩膀部位，極薄且纖維短，肉質鮮美，入口即化，軟嫩度媲美菲力。

無名肋排還是品種肋排？

容我提醒各位，接下來要介紹的肋排超級正點！這可不是超市包在保鮮膜裡、隨隨便便的可悲牛肋排。這些牛肋排完全是另一個層次，滋味、香氣、口感，還有令人為之瘋狂的油脂……

不覺得這些肋排一字排開，像選美一樣賞心悅目嗎？別說你不心動！看看這顏色、油花、肌肉周圍的脂肪、厚度、整理的乾乾淨淨的骨頭，多麼秀色可餐！看看肉販花費數週心血熟成這些肋排，你能想像經過料理後的風味嗎？它們一定會入口即化，牛隻生長的風土（terroir）將在你的口中綻放。而那些再也擠不出一滴奶而被宰掉的可憐老乳牛，吃起來就完全不是這麼回事。

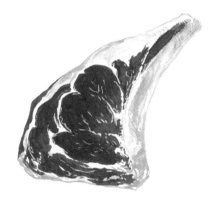

夏洛萊牛
此品種的肌內脂肪少，不過完全無損其豐富的滋味。夏洛萊牛肋排又大又厚，富肉味，紋理較粗有嚼勁。

亞伯丁安格斯牛
豐富的肌外與肌內脂肪是安格斯牛的特色。此品種體型較小，因此肋排不像其他品種又大又厚。肉質滑嫩，平衡度極佳，紋理細緻帶花香。

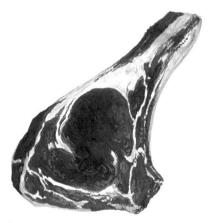

奧布拉克牛
現在來瞧瞧奧布拉克牛，肉色深，風味強烈複雜，帶野味與香草植物氣息，氣味強勁，紋理細緻柔滑。適合重口味的肉食愛好者。

第7節肋排永遠最好吃、最鮮美軟嫩且齒頰留香。

原因：整段肋排中，某些部位的肌肉活動量比其他部位大。因此不只每個品種肋排美味程度不同，位置也是重點！

加利西亞紅毛牛

西班牙的美味油脂！無疑是全世界最棒的肋排之一。牛肉佈滿雪花般的油花，肌肉邊緣的脂肪宛如天堂的滋味。帶辛香料氣息與鹹味，口中餘韻久久不散，沒吃過絕對無法體會！

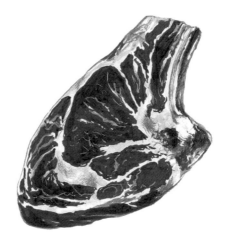

長角牛

身為英國最古老的品種，應該足以說明其實力！可惜長角牛在法國仍非常罕見。油花品質極佳、油脂豐富，瘦肉與脂肪比例完美，風味濃郁，尾韻悠長。低溫烹調最理想。

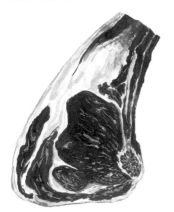

錫蒙塔牛

含大量油花，肌肉周圍與夾層都有豐富脂肪。滋味鮮明濃厚，尾韻悠長，多汁富嚼勁。總之是鮮美有特色的肋排就對了！

無名牛

一丁點脂肪都沒有，真是太悲哀了……不用想也知道一定乾柴無味，絕對讓你這輩子都不想再吃紅肉。說真的，敢端出這種牛肉的肉販一定沒吃過自己賣的肉，因為太難吃啦！

丁骨和紅屋，一塊牛排雙重美味

丁骨牛排和紅屋牛排在法國非常少見，因為法國人切割牛肉的方式不同於英美。不過丁骨和紅屋牛排可是集合了最美味的兩大部位呢！

T FOR TWO！

由於從脊椎縱切形成丁字，因此稱為丁骨牛排。紅屋牛排的切法也完全一樣，因此骨頭下面是菲力，上面是沙朗。

整體而言，丁骨和紅屋就是二合一的牛排，既有細嫩的菲力，也有鮮美的沙朗，以及讓美味更上一層樓的骨頭。還有比這更完美的牛排嗎？

不完全一樣

丁骨和紅屋的差別在於菲力的大小：紅屋牛排是牛隻較後端的部位，所以菲力較大。每隻牛只能切出四片紅屋，因此比丁骨更稀有，也更貴。

小歷史

紅屋（porterhouse）的名字源自過去港口旁提供大塊牛排、專賣波特啤酒（Porter beer）的啤酒屋（porterhouse）。當然啦，美國人和英國人都認為自己才是正宗發源地，至今仍爭吵不休。但這不關我們法國人的事……

紅屋牛排在牛身上的位置

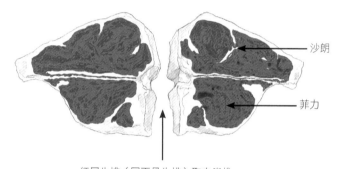

沙朗

菲力

紅屋牛排（同丁骨牛排）取自脊椎兩側。

紅屋vs丁骨：紅屋牛排取自脊椎較末端，因此菲力較丁骨牛排大。

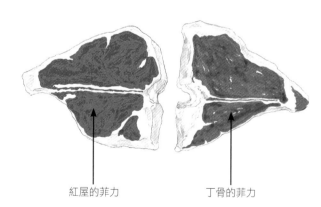

紅屋的菲力

丁骨的菲力

牛肋排vs肋眼

～～～～～～～～

在我的左手邊是體重1.2公斤的漂亮牛肋排，在我右手邊的則是她的雙胞胎妹妹肋眼，體重1公斤（相同重量，去骨）。有沒有這塊骨頭，真的有差嗎？

要烹熟這麼厚的肉，必須先以鑄鐵鍋或平底鍋煎至上色，然後放進烤箱烤熟。我們知道肉受熱時會收縮，流出肉汁，形成鍋底精華。

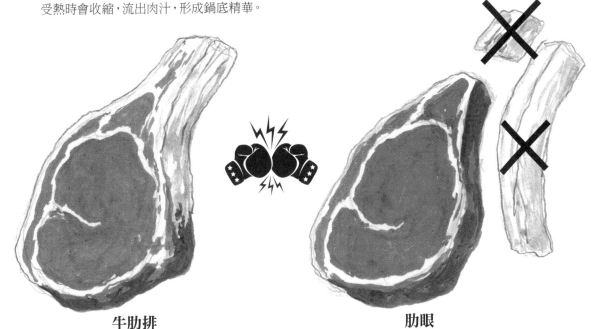

牛肋排

肋眼

緊連著骨頭，因此靠近骨頭的肉完全不會緊縮。既然不會縮起，當然也就不會流失肉汁，因而保有多汁口感。

＋肋排的骨頭含有骨髓，受熱時會融化流出形成汁液，融入牛肉增添風味。

＋骨頭上也會產生許多汁液，一部分自然而然流向牛肉，帶來更多鮮美滋味。

肋眼雖然可均勻煎上色，卻沒有骨頭，當然就不會有額外的汁液。而且少了骨頭支撐，加熱時肉會緊縮流失肉汁，因此口感較乾柴。

KO！肋排勝！

此原理適用於所有帶骨的部位：骨頭會產生額外的汁液，
連著骨頭的肉也不會緊縮，因此肉質更軟嫩多汁。

韃靼牛肉：絞肉還是刀切？

取一塊牛肉，一半做成絞肉，另一半切小丁。即使調味方式完全相同，入口後卻天差地別。

絞肉

大部分佐料都混在絞肉中，必須反覆咀嚼才能嘗出滋味，然而絞肉沒什麼可嚼的，幾乎一口吞下。香氣與風味都被埋在絞肉裡，味蕾和鼻腔還來不及感受就直接通往胃袋。

手工切丁

佐料裹滿肉丁表面。肉丁無法一口吞下，因此必須咀嚼並磨碎牛肉和佐料，使其釋放所有香氣與風味。唾腺開始分泌唾液，滋味更顯鮮明。

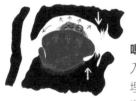

PFFF...

嗯……
入口時，大部分風味都被埋在絞肉中，完全無法刺激味蕾和唾腺。

結論：
絞肉使大部分食材索然無味。

YEAAAHHH!!!

耶！！！！
入口後，佐料的滋味能刺激味蕾和唾腺。

結論：
手工切丁可充分展現牛肉與佐料的香氣與風味。

KO！手工切丁勝！

手工切丁的韃靼牛肉（le Tartare）較富嚼感，大大增添風味與餘韻。更棒的是還能自己選擇一塊優質牛肉，而非購買來路不明的現成絞肉。喜歡清淡口味者可使用菲力；喜歡肉味強勁者可選擇橫膈膜內部肉。

骨髓：橫切還是縱剖？

骨髓有兩種切法。橫切經典，縱剖優雅。不過骨髓該如何與牛肉料理才是我們最關心的事⋯⋯

小牛或牛的長骨中皆有骨髓，我們使用大腿骨。雖然肋骨裡也有骨髓，不過含量極少。小牛骨髓風味比成牛更細緻。

經典切法：短圓柱　　　　優雅切法：長縱剖

切法

通常肉販習慣橫切成短圓柱，不過也可請他們縱剖成長條。後者有幾個優點：熟度遠比橫切均勻，較方便取食，如果放入烤箱烤至金黃，酥脆面積也更大。啊，想到就流口水⋯⋯

職人級清理

黏滿牛筋和深色肉屑的骨頭，骨髓上還有凝結血絲，看了就令人退避三舍。專業的清理手法如下：大碗裝清水、2大匙粗鹽與1小匙白醋，放入骨頭浸泡12至24小時。接著用廚房小刀刮去殘留的筋肉。如果有硬毛刷更理想，效果也非常好。

如何料理？

熬煮：骨髓會略微融化，風味融入湯汁，並釋出些許油脂，使高湯口感圓潤，齒頰留香。如果你有點潔癖，可先用紗布包起骨頭，避免細碎的香料渣黏在上面。

直接加入完成的料理：骨髓取出後煎熟，切薄圓片，放在完成的料理上，會釋出鮮美的油脂，為牛肉帶來無上美味。

烘烤：骨頭縱剖成長條，簡單烘烤就很好吃。

鹽漬：骨髓浸泡去血水後，撒滿黑胡椒或辛香料靜置入味24小時。

浸泡和刮除渣屑前　　　　浸泡和刮除渣屑後

你知道過去的巴黎布丁其實是用半磅牛骨髓做的蛋糕嗎？以前又稱「外交部布丁」（cabinet diplomatique）。
品味果真是主觀的⋯⋯

牛肉火腿與牛肉乾

你或許知道北義風乾牛肉和格里松風乾牛肉，不過你認識和牛火腿、
雷昂牛肉火腿、帕斯特瑪、布勒西，還有比爾通嗎？

過去人們在秋季製作肉乾，做為冬季的主要蛋白質
來源。秋季宰殺牲口也可以省下冬季的牧草飼料，畢
竟積少成多嘛。

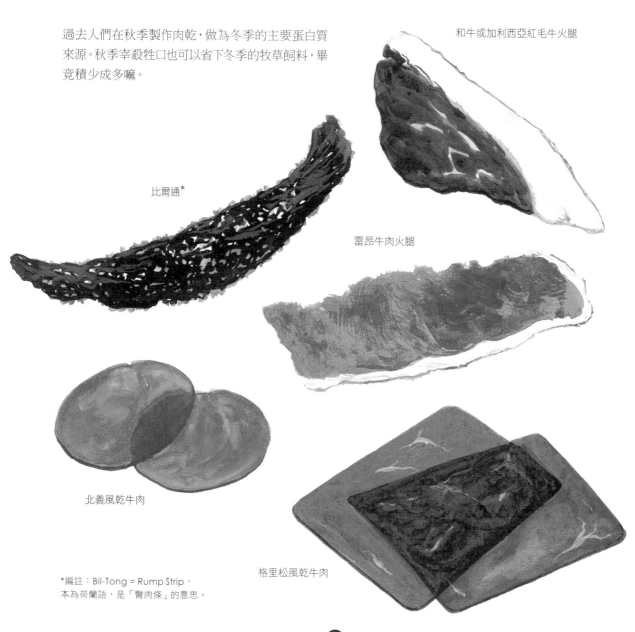

和牛或加利西亞紅毛牛火腿

比爾通*

雷昂牛肉火腿

北義風乾牛肉

格里松風乾牛肉

*編註：Bil-Tong = Rump Strip，
本為荷蘭語，是「臀肉條」的意思。

比爾通

在南非，比爾通的做法是將牛肉條以蘋果酒醋醃漬數小時後，抹滿鹽、黃砂糖、芫荽、黑胡椒等，接著放在通風處風乾。比爾通外硬內嫩，兩種口感大異其趣。最適合邊嚼邊看南非跳羚隊的比賽……

北義風乾牛肉

現在我們前往義大利北部、直到瑞士邊界，尋找最有名的北義風乾牛肉（bresaola della Valtellina）。一如雷昂牛肉火腿，這是用牛隻後半部的肉加入辛香料鹽漬，然後風乾2至4個月。食用時淋少許橄欖油和檸檬汁，搭配刨片的帕馬森乳酪。

布勒西

布勒西（bresi）是格里松風乾牛肉的法國近親。布勒西在弗朗什－康堤省（Franche-Comté）的侏羅山區製作，名稱來自有如巴西木頭硬梆梆的質地和深紅色澤。牛肉鹽漬後抹上香料後風乾煙燻。適合搭配陳年康堤乳酪享用。

雷昂牛肉火腿

雷昂牛肉火腿（cecina de léon）源自西班牙西北部的卡斯提亞－雷昂省（Castille-Léon），食譜流傳超過兩千年。採用老牛大腿的方形肌，經鹽漬、橡木煙燻、風乾2個月，最後還需熟成7個月。火腿色澤鮮紅，帶少許油花，風味極鮮明。食用時可淋少許橄欖油。

牛肉乾

最初的肉乾（charqui、jerky）以風乾羊駝肉製作，供印加帝國時代的南美洲旅人食用。後來逐漸被牛肉取代：牛肉切薄片後抹鹽或浸漬鹽水，接著曬乾或煙燻。現在也可買到略帶甜味的肉乾。

印尼甜辣肉乾

印尼甜辣肉乾（dendeng）是印尼巴東的特產，製作方式非常特別：以油炸做為最後的乾燥手續。切極薄的牛肉片以辛香料和深色椰子糖醃漬。取出風乾數小時後油炸，做為最後的乾燥手續。

和牛或加利西亞紅毛牛火腿

和牛與加利西亞紅毛牛（wagyu et Rubia Gallega）的特色是擁有豐富的肌內脂肪，有如伊比利豬。製作方式也非常近似貝洛塔等級的伊

比利火腿，必須風乾長達36個月才能完成最頂級的產品。美味銷魂！如果有幸遇到，千萬別猶豫，這比在院子挖到黃金還難得……

帕斯特瑪*

帕斯特瑪（pastirma）來自巴爾幹半島的土耳其，經鹽漬、重壓、略微風乾後再抹上厚厚一層搗碎辛香料（大蒜、煙燻紅椒、葫蘆巴、辣椒……）。接著放在通風處風乾1個月。可生吃、炙烤，或加入蔬菜料理中提味。

薩拉堤

薩拉堤（salaté）的正確起源已不可考，不過還是能大概知道約在西班牙一帶。薩拉堤使用三尖肉或翼板，裹上百里香、迷迭香、大蒜和少許檸檬片後鋪滿粗鹽醃漬。冷藏10天，接著取出牛肉沖洗、擦乾，繼續風乾10天。淋少許橄欖油、搭配檸檬享用。

格里松風乾牛肉

格里松風乾牛肉（viande des Grisons）來自瑞士格里松地區，依照不同製法，牛肩淋上白酒或不淋酒，清理乾淨，抹鹽。加入辛香料後，以山風自然風乾3至4個月。淋上薄薄一層橄欖油和檸檬汁即可享用。

*編註：突厥語，鹽醃肉的意思。

最佳小牛品種

這些小牛採粗放養殖，意即牛隻可自由在牧場草原採食與活動。其中有些小牛甚至為半放養或全放養呢。如此養出的肉風味獨一無二，是極品中的極品！

極品

庇里牛斯玫瑰紅

只有母牛親餵，且食用加泰隆尼亞牧草的當地品種小母牛，才稱做庇里牛斯玫瑰紅（Rosée des Pyrénées），5至8個月大時屠宰。在過去，畜牧者將母牛和其小牛帶至高山處放牧，讓牛群在牧地吃草取代除草機。秋季時牛群再度下山，小牛也可以屠宰食用。如今，由母牛陪同移牧仍是庇里牛斯玫瑰紅的最大特色。6到11月的夏季放牧時，小牛吃的是豐美青草和花朵（紅花百里香、紅豆草、甘草花等），因此肉質風味細緻，呈美麗的玫瑰紅。

品種：加斯科牛（Gasconne），有時也有與夏洛萊公牛混種的奧布拉克牛。

重量：200至300公斤　**屠體：**110至160公斤

庇里牛斯小公牛

同庇里牛斯玫瑰紅，公的稱為庇里牛斯小公牛（Vedell des Pyrénées）。小公牛斷奶後，需經過4至5個月的肥育期，因此在8到12個月大之間屠宰，較小母牛晚。小公牛的風味較強烈，肉質也開始轉紅。

品種：加斯科牛，有時也有與夏洛萊公牛混種的奧布拉克牛。

重量：240至360公斤　**屠體：**130至200公斤

札伊那堤牛

札伊那堤牛（Saïnata）毛皮花紋為虎斑，主要生長在科西嘉島和薩丁尼亞島。養殖方式幾乎是自由放牧，吃的是野生橄欖葉、地中海灌木葉（le maquis）、青草、牧草飼料，甚至是橡實。小牛出生時是米色，約3個月大時逐漸出現斑紋（虎斑）。養殖方式非常自由，一開始吃母牛的奶，然後轉吃樹葉和青草。小牛6個月大時屠宰，肉色為深粉紅，風味綿長帶榛果氣息。札伊那堤又稱為Vache Tigre®（虎斑牛），由科西嘉島養殖者Jacques Abattucci申請商標註冊。

品種：札伊那堤牛
重量：150公斤 **屠體：**80公斤

科西嘉小牛

科西嘉小牛（veau corse）的食物是地中海灌木葉與山區青草，在當地又稱為「manzu」，體型小，6個月大時屠宰，肉質的滋味獨特強烈，幾乎呈紅色，接近成牛肉色。

品種：科西嘉種
重量：150公斤 **屠體：**80公斤

阿維隆與塞加拉小牛

塞加拉（Ségala）地區範圍遍及阿維隆（Aveyron）、洛特（Lot）、康塔（Cantal）、塔恩（Tarn）以及塔恩－加隆（Tarn-et-Garonne）。塞加拉名字源自古時候該地種植的裸麥（seigle），又稱「百谷地」（Pays aux cent vallées）。此區實行古老的養殖方式，天氣好時母牛會到牧場吃草，早晚哺乳小牛。小牛從2個半月大起吃穀物製成的補充食品，6到10個月大屠宰。這種小牛肉在市面上非常少見，因為大部分都出口到義大利，義大利人愛死了！肉質軟嫩粉紅，入口即化，是必吃的美味！

品種：利穆贊、加斯科牛、巴札灰毛牛、薩勒牛、奧布拉克……
重量：310至450公斤 **屠體：**170至250公斤

利穆贊農場小牛

利穆贊農場小牛（veau fermier du Limousin）是知名肉牛品種利穆贊牛的小牛。產地僅限利穆贊、多爾多涅（Dordogne）和夏朗特（Charente），始終依循傳統方式在小型農場養殖。小牛無論性別，皆喝母奶至3到5個月大。母牛從牧場回來後，小牛直接從母牛的乳頭吸奶，每日兩次。屠宰前會嚴格篩選，只留下最優質的小牛。分數最高的小牛會附上「Prestige」（頂級）標章。肉色為淺粉紅，充滿油花，滑嫩多汁，紋理細緻。

品種：利穆贊
重量：150至280公斤 **屠體：**85至170公斤

小牛的小歷史

人類剛開始馴養牛隻時並不吃小牛肉，而是將小牛養大後做為役用。
不過這是以前的事了……

傳統小牛重回市場

工業化養殖的小牛處境悲慘，喝的不是母奶，而是奶粉和營養品和水調成的奶，才能在最短時間內肥育。想當然，如此養出的小牛肉品質毫無滋味，烹調後喪盡鮮嫩口感。

從聖牛犢到養殖場小牛

很久很久以前，人類曾崇拜喝母奶的小牛，如宗教中的金牛犢（Veau d'Or）、肥牛犢（Veau Gras）、聖牛犢（Veau Sacré）、恩典牛犢（Veau de la Grâce）……

在古代，小牛肉是宴會上的重要菜餚，象徵財富與品味，因為唯有最富裕的人，才有餘裕在牲口長大前即宰殺。

文藝復興時期，義大利不僅輸出文化，特色料理也傳播至全歐洲。人們因此發現料理小牛肉的全新方式，這些小牛不僅喝母奶，也吃雞蛋和蛋糕。

17和18世紀時，幾乎歐洲各地都食用小牛肉，經常做成燉肉料理，如白醬燉小牛肉（blanquette）、褐醬燉小牛肉（fricassée）……

不過英國人則是喜歡碳燒「蘇格蘭肉餅」（Scotch collops）。

然而到了20世紀中葉，工業化養殖使得情況徹底改變，目的是用最低廉的成本，在最短的時間內取得小牛肉。養殖場小牛就此誕生。

不過就像牛肉、豬肉或禽肉，少數頑固的西南部法國人不願屈服，依舊以母牛親自哺乳的方式飼養小牛。他們建立「Veau fermier」（農場小牛）或「Veau sous la mère」（母牛親餵小牛）等品牌，堅持幾乎只讓小牛吃母奶，這些小牛肉風味迷人。法國人真是太厲害啦！

如何選擇小牛肉？

小牛肉並非依照品種販售，而是依據年齡與特色。未離乳小牛、農場小牛、集約養殖小牛等分類，令人眼花撩亂。以下是市面上常見的小牛肉。

小牛名稱

未離乳小牛

未離乳小牛（veau de lait）只吃母親的奶，非常罕見。即使母牛的食物隨季節改變，母乳品質對小牛的肉質影響也微乎其微。小牛在離乳前即屠宰，因此不超過3個月大，通常是小公牛，體重介於110至150公斤。肉色極淡，略帶甜味，軟嫩幾乎入口即化。

農場小牛

母牛親餵／農場小牛也吃母奶，不過2個月或2個半月大後，養殖者會用自動給乳器餵食全脂牛乳，因為通常母牛已沒有充足奶水哺育小牛，尤其是肉牛品種。接著小牛開始吃青草，食物種類也變得多元。小牛5個月大、體重超過200公斤時就可屠宰。2、3月出生的小牛肉質較粉紅，因為小牛成長期食用的青草會使肉色變深，滋味也較濃郁。這種小牛肉非常漂亮，紋理細緻，脂肪均勻分布在肌肉之間。

集約養殖小牛

這就是隨處可見的小牛肉。這種小牛出生24小時後即被帶離母親身邊，喝的是奶粉調和的奶水，接著餵食穀物，但絕對不會有青草，以免肉色過深。冬天和春天出生的小牛稍微幸運些，至少可以吃到些許牧草乾料，勉強稱得上有滋味。體重超過300公斤時即可屠宰。肉中滿是脂肪，但是烹調時很快就變得乾柴，軟嫩度大減，寡淡無味。總之不用考慮這種小牛肉。

紅標小牛

許多小牛都有「紅標」（Label Rouge），如布列塔尼小牛（Bretanin）、海岸小牛（Terre océane）、阿維隆與塞加拉小牛、利穆贊小牛、全乳飼養農場小牛（Veau fermier élevé au lait entier）、母牛親餵小牛、維德路小牛（Vedelou）。這些小牛肉品質佳，通常來自哺乳牛（allaitante），也就是肉用品種。品種大大左右肉質優劣，因此最好選擇利穆贊、加斯科或巴札灰毛牛。這些品種肥育速度快，通常超過180公斤，肉質美味，還有均勻分布的漂亮脂肪。

五旬節小牛（veau de Pentecôte）只是行銷手段，和牛肉的品質毫無關係，別上當了……

小牛的季節？

小牛並沒有季節分別，全年都可買到品質穩定的小牛肉。只有9月分肉鋪較少小牛肉，因為養殖者盡量避免母牛在夏季生產。

小牛肉的顏色

「小姐，看看這塊小牛肉顏色多白啊！幫你包5公斤好嗎？」顏色過淺的小牛肉不盡然品質優良，別再上當了。

小牛肉的顏色主要與食物有關：年紀越小的牛，吃的奶也越多，因此肉色較淺。隨著小牛逐漸長大，食物種類越發多元，肉色也逐漸轉深。不過品種、飼養方式也是不容忽視的關鍵。因此粉白、粉紅或紅色，哪一種才好呢？

白色

優質象徵
「未離乳小牛」的肉色非常白，因為牠們只吃母奶。淺白肉色並非來自白色的牛奶，而是因為牛乳中的鐵質含量低。小牛只是血液中缺乏鐵質罷了。牠們的肉可是非常美味呢！

劣質象徵
過去很長一段時間裡，市面上只能買到淺白的小牛肉，因為這些是來自工業養殖場的小牛，餵食特殊飼料使肉色極白，大大損及牛隻健康和肉的品質。

淡粉紅色

深粉紅色

優質象徵
隨著小牛長大，活動力變強，除了母奶之外也開始吃草。這時肉色逐漸從淡粉紅色轉為深粉紅色。農場小牛就是如此，肉質細嫩，風味也較鮮明。

劣質象徵
確認小牛肉的來源，很可能來自工業養殖場。

紅色

優質象徵
有些小牛肉色澤鮮紅，這是由於特殊養殖方式，如阿維隆與塞加拉小牛、科西嘉小牛、庇里牛斯玫瑰紅。不用說，這些是頂級美味……

劣質象徵
小心，肉可能變質了！

選擇優質小牛肉的關鍵在於確認來源，有可信賴的肉販當然更好！

小牛的切割

小牛與成牛的切割方式很接近，牠們的肌肉已經夠大，可依照炙烤、熬煮或悶燉等料理手法分切。

法式切割

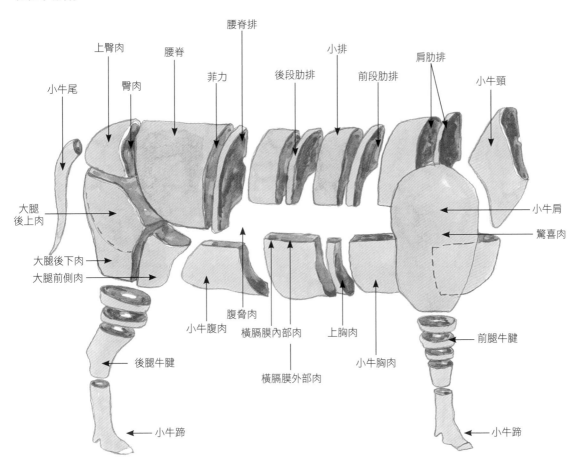

腰脊排
上臀肉
腰脊
小排
肩肋排
菲力
後段肋排
前段肋排
小牛頸
小牛尾
臀肉
大腿後上肉
小牛肩
驚喜肉
大腿後下肉
大腿前側肉
腹脅肉
小牛腹肉
橫膈膜內部肉
上胸肉
前腿牛腱
後腿牛腱
小牛胸肉
橫膈膜外部肉
小牛蹄
小牛蹄

英式切割

同成牛，英式的小牛切割主要用於熬煮或是悶燉。

美式切割

由於美國較常火烤或熬煮肉類，因此這是美國的主要切割法。

小牛肉部位小字典

可別只認識小牛肋排或大名鼎鼎的白醬燉小牛肉！你知道肩肋排、前段肋排、後段肋排，或菲力的差別嗎？還有什麼是驚喜肉和大腿前側肉嗎？

小牛頸

小牛頸（collier）鮮為人知，卻是燉肉、蔬菜燉肉鍋或慢燉料理的上上之選。雖然油脂稍多，不過鮮美腴滑。

肩肋排

切下牛肩後即露出此部位，因此叫做肩肋排（côte decouverte）。這是肋排當中尺寸最大、肉質最結實的部分，小牛共有五塊。

腰脊排

腰脊排（cote filet）取自腰脊，體積大，帶一層薄薄的漂亮脂肪。表面略煎上色後放入烤箱烤熟就非常美味。

後段肋排

後段肋排（côte premiere）也有五塊，均勻飽滿的肉塊，肉質軟嫩，骨頭筆直。請肉販切至少4公分厚。

前段肋排

前段肋排（côte seconde）無疑是最鮮美軟嫩的小牛肋排，油脂豐富，瘦肉較少。小牛有三塊。

小牛肩

小牛肩（épaule）經常以去骨綑綁成適合烘烤的形式販售，因為切成肉片的質地不若大腿後上肉細緻。可向肉販預定帶骨小牛肩，做為節慶料理。

菲力

腰脊排去骨後就是菲力（filet）。通常切厚圓片，或用肥肉片包捲成圓條。

小菲力

小菲力（filet mignon）是小牛身上最細嫩的部位，非常柔嫩，絕對不可過熟。煎至金黃上色後，以極小火烘烤。

小牛腹肉

小牛腹肉（flanchet）是小牛腹部最薄、最長的部分，軟骨多且非常鮮美滑嫩，適合燉煮。

小牛腱（前腿或後腿）

小牛腱（jarret）前腿肉少，後腿肉多。吊掛屠體時前腿不會承受重量，因此較軟嫩。

小牛頰

小牛頰（joue）在市面上極少見，是軟嫩美味的瘦肉。適合低溫慢燉。

小排

小排（haute de côte）等同成牛的小排或豬的里肌小排，經常用於製作白醬燉小牛肉。

腰脊（統稱）

腰脊（longe）是小牛的下背部，通常去骨捆綁成整塊烤肉捲販售。烹調時務必使用小火。

大腿後上肉

大腿後上肉（noix）是大腿內部的肌肉，肉質非常軟嫩，紋理細緻，通常切成美味的厚圓片。

大腿前側肉

大腿前側肉（noix pâtissière）雖然切出的肉排較小，但是和大腿後上肉同樣美味。甜點師傅常用此部位製作奶油酥盒（vol-au-vent）而得名。

好吃！ ### 小牛骨髓

小牛骨髓（os à moelle）取自小腿骨，比成牛骨髓更纖細，齒頰留香。請肉販縱剖較適合以烤箱料理。

好吃！ **小牛胸肉**

小牛胸肉（poitrine）包括上胸肉和腹肉，是品質極佳的部位，可製成軟嫩美味的肉餡。

好吃！ **上臀肉**

上臀肉（quasi）此部位非常可口，等於成牛的臀肉。這是小牛的臀部上方，肉質非常柔軟，紋理細嫩，是天堂般的美味！

小牛尾

小牛尾（queue）比成牛尾細緻，油脂也較少，不過料理方式相同：蔬菜燉肉鍋、肉凍、熟肉醬。

好吃！ **臀肉**

臀肉（selle）位在腰脊部，非常稀少，圍繞在脊椎兩側的肋骨。最適合節慶料理。

大腿後下肉

大腿後下肉（sous-noix）紋理較大腿前側肉粗。可請肉販切成肉排，或者整形捆起後燉煮。

上胸肉

上胸肉（tendron）是小牛胸尺寸最小的部分，富油脂多軟骨。肉質細緻，適合炙烤或悶燉。

鮮為人知的部位

驚喜肉

小牛驚喜肉（surprise）一如成牛，位於肩膀，就在肩胛骨上方。細緻美味，而且可遇不可求。

好吃！ **橫膈膜內部肉**

嘖嘖……小牛橫膈膜內部肉（onglet）比成牛更軟嫩清淡，肌肉纖維長，非常美味。

橫膈膜外部肉

小牛橫膈膜外部肉（hampe）難得一見，體積不大且扁平，肌肉纖維長，是小牛身上最鮮美的部位之一，務必試試看！

腹脅肉

腹脅肉（bavette）也是一塊難求的部位，同樣滋味極美。

皺胃是小牛的第四個胃，分泌凝乳酶，可使乳汁凝結製作乳酪。

最佳肉豬品種

現在要介紹的豬可不是泛泛之輩！這些尊貴的豬受到無微不至的照料，
萬千寵愛集一身，活動空間寬廣，食物不用說當然也是最頂級的。

極品中的極品

伊比利黑豬

伊比利豬與塞爾特品種、亞洲豬是最完整的三大品系，衍生出所有其他品系。伊比利黑豬（porc nior Ibérico）主要飼養在西班牙西南部與西部，頭部偏小，鼻吻大，雙耳下垂蓋住眼睛，四肢細但大腿平坦。此品種體重較其他許多豬種輕，因此非常適合行走覓食；可輕鬆適應地中海此區盆地的潮濕冬季和乾燥夏季。伊比利豬在冬季食用大量橡實，能夠保留橡實中的油酸是此豬種的特色。此品種尤以黑蹄火腿（jambon pata negra）和肉製品聞名，肉質柔嫩多汁，鮮美銷魂，入口即化的肌內脂肪是天堂般的美味。

種公豬：280公斤 **種母豬**：180公斤
屠體：150至200公斤

畢格爾黑豬（加斯科黑豬）

畢格爾黑豬（noir de Bigorre）又稱加斯科黑豬（porc noir Gascon）是法國歷史最悠久的外來豬種，1960年代一度幾乎絕跡，幸而少數充滿熱情的飼育者致力復育並避免混種。畢格爾黑豬飼養在南部－庇里牛斯大區（Midi-Pyrénées），毛色全黑，體型渾圓，四肢纖細結實，頭部稍長，雙耳窄長且與地面平行。此豬種粗獷強健，生長速度慢，通常為半放養。食物是穀類和夏季的青草，不過冬季在森林中吃的橡實和栗子才是養成其肉質風味的關鍵。加斯科黑豬被認為是伊比利豬的分支，因此也擁有後者的優點：肉色鮮紅，風味強烈，油脂如雪花般細緻。畢格爾黑豬的火腿是公認全世界最頂級的火腿之一。

種公豬：300公斤 **種母豬**：250公斤
屠體：180至210公斤

本書中沒有粉紅小豬，而是有大耳朵和長尾巴的豬。工業化養殖場的豬則截然不同，在肉鋪銷路不佳的部位都消失了。

利穆贊黑臀豬

黑臀豬的處境也好不到哪裡去：工業化養殖*與氫化油脂的發明，差點使擁有大量脂肪的利穆贊黑臀豬（Cul noir du Limousin）絕跡。利穆贊黑臀豬又稱聖伊利耶豬（porc de Saint-Yrieix），生長在中央高原西部，是伊比利豬的一種；個性靈敏機警，生長速度慢，鼻吻長，薄薄的雙耳往前伸，身體肥厚，四肢長而強壯。利穆贊黑臀豬除了帶粉紅色，身體前半部與臀部也長有黑色花紋（因而得名）。冬季時，豬隻會沿著森林小徑覓食，吃栗子和橡實，因此肉色鮮紅。黑臀豬是唯一能儲存大量脂肪的品種，背部的皮下脂肪可厚達10公分。

種公豬：250公斤 種母豬：200公斤

屠體：160至190公斤

努斯塔豬

努斯塔（nustrale）是科西嘉語的「我們」之意，因此努斯塔豬只生長在科西嘉島，特別在島南。此品種數千年前就已出現在科西嘉島，也曾因為混種幾乎絕跡，直到近期才由少數不服輸的飼育者救回。努斯塔豬是伊比利豬的一種，通常為黑色，鬃毛又長又厚，窄長的黑色鼻吻，雙耳低垂，背部短且渾圓，尾巴長且扁平，四肢細，大腿扁圓。努斯塔豬適應力極強，全年都在戶外半放養，夏季放牧至山區，秋季下山在森林覓食栗子和橡實。這是正統科西嘉肉品最常使用的豬種（才不是那些德國來的豬肉呢），簡單料理就非常鮮美可口。

種公豬：220公斤 種母豬：160公斤

屠體：110至150公斤

*編註：指以快速生產廉價畜產品為目的，利用現代化育種選拔的快速生長動物，搭配科學化飼料配方與高密度集約飼養所建立的畜牧經營生產模式。

最佳肉豬品種

極品

貝葉豬

貝葉豬（porc de Bayeux）來自卡瓦爾多斯省的貝桑地區（Bessin），為19世紀時由諾曼地豬和英國的盤克夏豬的雜交後代，諾曼地大登陸時遭大量撲殺，直到1980年才開始復育此豬種。貝葉豬體型龐大粗壯，適應性強，食用大量製作乳酪剩下的乳清是其特色，因此充滿雪花般的脂肪，風味十足。

種公豬：350公斤 **種母豬**：300公斤
屠體：200至250公斤

巴斯克黑白豬（巴斯克豬）

巴斯克黑白豬（Pie noir du Pays Basque）又稱巴斯克豬（porc Basque），一度盛行於東庇里牛斯省和西班牙北部，1981年卻宣告面臨絕種危機。在巴斯克地區少數不屈不撓的飼育者努力復育下，此品種才得以保存下來。巴斯克黑白豬屬於伊比利豬品系，雙毛色（黑色頭部和臀部），身形矮胖四肢短，擅長行走。此豬種可抵擋惡劣天候，優秀肉質讓法國西南部的肉品聲名大噪。

種公豬：250公斤 **種母豬**：210公斤
屠體：140至170公斤

盤克夏豬

盤克夏豬（Berkshire）是18世紀時最早確立血統的品種。盤克夏豬來自倫敦西部的盤克夏郡，由於不適合工業化養殖，一度幾乎絕跡。盤克夏豬毛色深，四蹄和尾巴為白色，適應力強，肥育速度慢。肉呈淡紅色，充滿油花，多汁鮮嫩，肉質纖維短且細緻。

種公豬：280公斤 **種母豬**：200公斤
屠體：140至200公斤

卡拉布里亞黑豬

卡拉布里亞黑豬（porc noir de Calabre）是義大利最古老的豬種之一，在義大利最南邊的卡拉布里亞以野生或半野生方式飼養。此品種無疑源自伊比利品系，肥育速度慢，體型中等，四肢細，「精力」十足旺盛。冬季食物主要為橡實和栗子，可製成美味肉品，且肉質軟嫩富油花，令人齒頰留香。

種公豬：250公斤 **種母豬**：200公斤
屠體：140至180公斤

別忘了，豬是非常聰明的動物，而且個性相當調皮……

西恩納琴塔豬

西恩納琴塔豬（Cinta Senese）源自義大利西恩納山區，中世紀就廣為人知，生長速度相當緩慢。此品種的胸部和前腿呈帶狀淡粉紅色，適應力極強，飼養方式為放養或半放養，冬季吃橡實和栗子，夏季吃青草和根。西恩納琴塔豬肉常用來製作托斯卡尼肉品，肉質軟嫩，油脂滋味鮮美。

種公豬：300公斤　種母豬：250公斤
屠體：170至220公斤

肉垂紅毛豬

肉垂紅毛豬（Red Wattle）源自新喀里多尼亞（Nouvelle-Calédonie），18世紀末由法國殖民者引進美國紐奧良。由於脂肪量不如其他品種，飼養率逐漸降低，一度幾近消失，1970年代才在德州復育。肉垂紅毛豬肉質瘦但多汁，風味與質地非常近似牛肉，是令人驚艷的豬種。

種公豬：300公斤　種母豬：250公斤
屠體：190至230公斤

格洛斯特老斑豬

40年前，格洛斯特老斑豬（Gloucestershire Old Spots）一度面臨滅絕，現在則是英國西南部格洛斯特郡河谷最受歡迎的品種。此豬種因為飼養在果園中吃掉落的蘋果，因此又叫做「果園豬」（Orchard Pig）。格洛斯特老斑豬適應力強，身軀渾圓厚實，後腿發達，背部有一層豐厚油脂，肉質多汁鮮美，令人回味。

種公豬：300公斤　種母豬：250公斤
屠體：170至220公斤

沙德白克*

沙德白克（British Saddleback）最初是為了品種改良，以拿坡里公豬和英國艾塞克斯母豬雜交，後來又將此混種與衛雪克斯豬（Wessex）雜交，得出沙德白克。20世紀曾極受歡迎，但是現在數量稀少。全身黑色，胸背和前腿有寬帶狀淡粉紅色，大大的雙耳指向前方，是製作極品培根的不二品種。

種公豬：320公斤　種母豬：270公斤
屠體：190至230公斤

*編註：意譯為鞍背豬（Saddleback），也稱為白肩豬。

曼加利查豬

曼加利查豬算是我的心頭好，心目中最無可取代的品種。冬天時牠們身上長滿綿羊般的毛，不過可是貨真價實的豬。

為何美味無可匹敵？

曼加利查豬（Mangalica）的最大特色就是富含大量肌內與肌外脂肪（背部脂肪可厚達10公分）。油脂腴滑，略帶甘甜滋味，入口即化（32℃以上即開始融化），而且幾乎不含膽固醇，主要為單元不飽和脂肪。曼加利查豬常被譽為豬界的和牛或神戶牛，脂肪幾乎與瘦肉等量。肉為紅色有如牛肉，風味強烈類似科西嘉島的努斯塔豬。當然，牠們的飼料絕對不含大豆油渣，也沒有抗生素或基改成分，終年放養戶外。

品種小歷史

曼加利查豬最早的蹤跡出現在1830年的匈牙利，被認為是最接近野豬的家豬（小豬和幼野豬身上都有條紋）。此品種屬於伊比利品系，與多個脂肪含量高的歐洲北部豬種雜交而成。過去曾有三種毛色：金黃色、紅色與黑色；雖然黑色品種消失了，不過金黃色曼加利查豬與克羅埃西亞豬種雜交，創造出「燕子」花色，也就是全身黑、腹部白。

曼加利查豬過去以粗放方式養在森林、沼澤及荒煙漫草地，因為其脂肪含量高，而當時工業化飼養的動物與植物油尚不存在，很快便成為歐洲最常見的豬種之一。

集約農業與將豬隻圈在豬舍中的集約養殖開始發展後，幾乎終結了曼加利查豬：從1955年的18,000頭，到1965年的240頭，1970年僅剩40頭！就在即將絕種之際，匈牙利成立曼加利查豬農協會著手處理，建立系統，紀錄每一頭誕生的曼加利查豬。

今日，在法國、美國甚至日本都能見到曼加利查豬。

品種標準

曼加利查豬體型中等，身高70至90公分，骨骼纖細但堅硬。生長速度慢，1歲時約70至80公斤，2歲時140至150公斤，3歲可達180公斤。雙耳尺寸中等，斜斜垂向前方，有褐色雙眼。

毛皮

曼加利查豬的毛皮依季節變化，和綿羊完全一樣。豬毛細短，夏季絲滑，冬季長出又厚又捲的毛皮。毛色視品系有所不同，分別有金黃色、紅色或燕子色（全身深灰、腹部白色）。

肉製品

這可是極品中的極品！由於脂肪含量極高，火腿的風乾時間更長，40個月都不成問題，因此風味更加濃郁，而且保留滑潤口感與深紅色澤。曼加利查豬火腿經常與100%伊比利黑蹄（pata negra）相提並論，品質不言而喻。

而其他肉製品，柔潤的油脂風味十足，入口即化，在在使曼加利查豬肉製品得到極高評價。

牠被暱稱為「豬中和牛」，這樣明白了嗎？油脂迷人，
肉中佈滿油花，沒有任何一種豬比得上。啊……

肉

厚厚的油脂和大量油花，肉質接近利穆贊黑臀豬。
這些油脂在烹調過程中滋味會越發鮮美。肉質腴
軟多汁，風味深沉綿長，齒頰留香，富含omega-3和
omega-6，還有打擊膽固醇最有效的抗氧化劑，是徹
徹底底的美味原子彈！

豬的小歷史

別以為家豬自古就是粉紅色。牠們的歷史非常非常悠久，早在古羅馬時代就深受喜愛。

放養

最早的家豬馴化跡象出現在9,000年前的東土耳其和塞浦路斯；很快的，隨著人類遷徙，亞洲、非洲、大洋洲也出現家豬蹤跡，並在西元前1,500年抵達歐洲。當時的家豬毛色深，有黑色、灰色或褐色等。

羅馬帝國統治時期，豬肉已遠比其他肉類受人們喜愛，中世紀時發展出飼養方式，受歡迎的程度更上一層樓。當時豬隻脖子掛小鈴鐺，放養在城市中清理人類的廚餘。

1331年，路易六世（胖子路易）的兒子因為豬隻而墜馬，國王下聖旨禁止豬隻在街上遊蕩，放養劃下句點。

最早的肉製品

這段期間，鄉下的人們在初冬宰豬醃肉，做為嚴寒日子的食物。

15世紀開始出現將豬肉調理後販售的「熟肉商」（chaircuitier），不過他們無權販售鮮肉。熟肉商後來成為現今大家熟知的肉品商（charcutier）。

現代化養殖

17世紀時，家豬改頭換面，顏色和體型都不一樣了：透過與最早熟的亞洲品系雜交，深色的歐洲豬變成粉紅色，而且體型更大。

19世紀由於做為豬食的馬鈴薯普及，飼養變得極工業化。

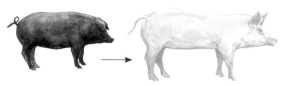

到了20世紀，所有生長速度慢的美味豬種逐漸消失，取而代之的是成長速度二到三倍的品種。幸虧少數充滿熱情的飼育者，現在我們才能享用到畢格爾黑豬或利穆贊黑臀豬。

總之，該死的工業化養殖真是害豬不淺啊！

野豬是祖先嗎？

我們不確定家豬是否直接由某些野豬（Wild boar）亞種馴化而來，或者是由野生的家豬品種馴養而來。會有這樣的差異，是因為歐洲家豬遺傳上與歐洲野豬們比較接近，但亞洲家豬則與亞洲野豬們比較親近。

編註：野豬做為一個物種，可再分為超過21種亞種，其中包括家豬在內。除家豬為人類馴養的家畜外，其他都是野生物種，歐亞兩洲的家豬遺傳上缺乏一致性，說明祖先來源可能不同。

豬的家族稱謂

家豬真是個大家族！女豬、母豬、新公豬，這些名字一定要認識。

乳豬
種母豬哺乳乳豬（cochon de lait）直到4週大。此時乳豬體重少於6公斤，只吃母奶。肉色雪白，軟嫩甘甜。

小豬
4至6週大時稱為小豬（porcelet），體重6至40公斤。此時尚未斷奶，不過已開始吃穀物。肉色為極淺的粉紅色，仍非常軟嫩。

若為集約化豬種　　　　　　　　　　　　　　若為優質豬種

肉豬
6個月大起，集約化品種即成年，稱為肉豬（porc charcutier）。雖然年紀尚小，卻已達到最大體重……已經可以宰來吃了。

豬
優質豬種需要時間成長，必須到2歲才能長成美味可食用的豬。

如果是公的　　　　　　　　　　　　　　　　如果是母的

新公豬
新公豬（verrasson）已成年但尚未交配。

女豬
尚未性成熟、但預備用於繁殖的母豬稱為女豬（cochette）。

種公豬
種公豬（verrat）用於繁殖的成年公豬。

種母豬
種母豬（truie）為已性成熟、可繁殖的母豬。乳房漲大表示懷孕。

老母豬
生產多次、但已經不能再生的種母豬就是老母豬（coche），畢竟牠也不能活到老生到老……

食物與肉的品質

優質豬的生活方式為半放養，可自由散步覓食。當然啦，大自然依照季節提供不同食物，而豬肉的豐富滋味正是來自這些食物。

豬為雜食性，什麼都吃，如塊根塊莖、橡實、栗子，當然也吃草、蔬菜，甚至連樹皮也不放過，真是貪吃鬼！但我們就愛這些貪吃鬼的好滋味！

豬的食物必須花點時間才能轉換成肉的滋味。當然，我說的是需要2年時間慢慢成長、以半放養方式散步長大的優質豬種，可不是那些集約養殖的可憐肉豬……

蔬菜：胡蘿蔔、馬鈴薯皮……　　**豆類**：大豆、豌豆……　　**穀類**：大麥、玉米、燕麥……　　**還有**：栗子、橡實、塊根塊莖……

冬季

這是豬最喜歡的季節，因為可以找到橡實、栗子，還有充滿水分的塊根塊莖。他們用鼻子拱土，一口吞下任何可以吃的東西。總之，這些豬橫衝直撞，長得又肥又壯。

盤中滋味

2月、3月和4月是天堂般的美味。

春季

這時泥土逐漸變乾，青草也開始生長，地底下的生命復甦，除了青草，豬隻也有什麼吃什麼，仍舊活蹦亂跳。即使最愛的食物變少了，豬生仍相當美好。

盤中滋味

5月非常非常美味，6、7月非常美味。

夏季

這是豬最不喜歡的季節，因為泥土變乾，能找到的食物變少，青草也不如春天豐盈……此時飼育者會給予蔬菜和穀物，以免豬隻消瘦。豬是我們的好朋友，當然不能袖手旁觀啦。

盤中滋味

8月、9月、10月非常美味。

秋季

秋天來啦！！！大地再度充滿生機，落葉下埋藏好多食物，而且橡實和栗子的季節也即將來臨。豬尾巴都開心地翹起來了呢！所到之處無一不被豬鼻子拱一遍。

盤中滋味

11月好吃，12月非常好吃，1月非常非常美味。

豬的切割

法國美食的料理手法豐富，因此豬的切割比想像中還要繁複。無論慢燉或快煎，每個部位都有最適合的烹調方式。

法式切割

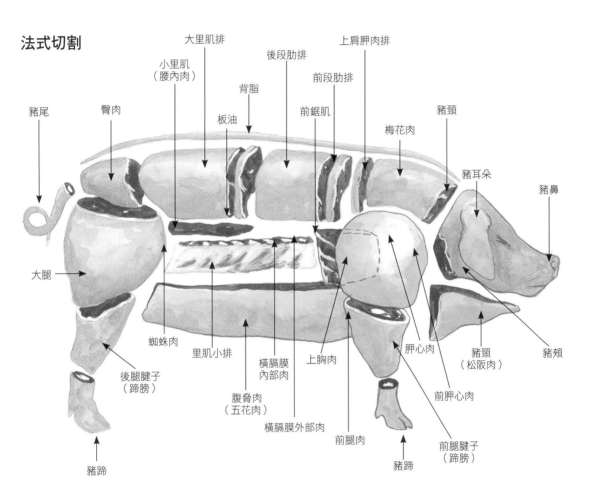

大里肌排
小里肌（腰內肉）
背脂
後段肋排
上肩胛肉排
前段肋排
前鋸肌
豬頸
梅花肉
板油
豬尾
臀肉
豬耳朵
豬鼻
大腿
蜘蛛肉
里肌小排
橫膈膜內部肉
上胸肉
胛心肉
豬頸（松阪肉）
豬頰
後腿腱子（蹄膀）
腹脅肉（五花肉）
橫膈膜外部肉
前腿肉
前胛心肉
豬蹄
豬蹄
前腿腱子（蹄膀）

英式切割

英國切割豬肉的方式與法式切割相當接近。

美式切割

這種切割法適合人數多的大塊肉。

豬肉部位小字典

你一定知道豬肋排，但是你會知道胛心肉、橫膈膜外部肉、蜘蛛肉、豬頸，還有板油嗎？一起來認識不同的部位吧！

上肩胛肉排(梅花排)

上肩胛肉排（côte échine）是梅花肉中最好吃的肋排部位：油脂豐富，因此最軟嫩。此部位較難熟透，因此烹調時間比其他肋排長。

大里肌排

大里肌排（côte filet）是豬隻最後段的肋排，通常帶有丁字形骨頭，像丁骨牛排。去骨後就是豬菲力（豬里肌）。此部位適合綑綁整形後烘烤，但容易乾柴。

前段肋排／後段肋排

前段肋排（côte seconde）緊接在梅花肉之後。後段肋排（côte première）在前段肋排與大里肌排之間。記得選購帶背部油脂和豬皮的肋排，滋味更佳。

梅花肉

好吃！ 梅花肉（échine）包含頸部和前五根肋骨（等於牛的上肋排），是豬身上最好吃的部位之一。無論大塊烘烤或單片烹調，都非常滑嫩鮮美。

小里肌（腰內肉）

可別把小里肌（filet mignon）和豬菲力（豬里肌）搞混了。小里肌的肌肉呈長條狀，是上選的部位，軟嫩美味。用鑄鐵鍋以小火煎至金黃，千萬不可過熟以免肉質乾柴，風味盡失。

豬頸

豬頸（gorge）這部位很肥，真的非常肥，通常用來為肉凍、熟肉醬或其他料理增添風味，烹調後再去除部分油脂。

前鋸肌

前鋸肌（grillade）是從前胛心和肋排取出的部位，肌肉纖維長、富油脂。只要不過熟，肉質軟嫩可口，經常用來製作某些咖哩料理。烤至七分熟呈粉紅色即可。

豬鼻

豬鼻（groin）常做成沙拉，簡單小火慢燉也非常美味。

大腿

豬的後大腿（jambon）就是製作火腿的部位。可煮熟製作白火腿，鹽漬風乾做成生火腿。可整支大腿或橫切片來料理。

腱子（前腿或後腿）

腱子（jarret）又稱蹄膀（jambonneau），前腿和後腿差異極大：前腿肉質細嫩；後腿肉較多，但豬隻放血後吊起後腿，因此肉質較硬。

豬頰

豬頰（joue）與一般想像的不同，其實是瘦肉。在市面上罕見，但非常美味，適合慢燉。可向肉販預訂。

背脂

背脂（lard gras）是豬背上方，帶皮可製作白豆燉肉（cassoulet）或為湯料理增添風味；不帶皮的背脂可切粗條與瘦肉一起烹煮。

前腿肉

前腿肉（noix de hachage，法文原意為絞肉用腿肉）肉如其名，通常做成香腸用的絞肉餡。

豬耳朵

很久以前，豬曾經有一對大耳朵，料理方式是先水煮再炙烤。豬耳朵（oreilles）富含美味的軟骨。

胛心肉

老實說，胛心肉（paleron）絕對是豬最美味銷魂的部位。和牛肉一樣，上部適合炙烤。如果想要整塊烹煮，中央的粗筋可讓燉肉更鮮美有光澤。

前胛心肉

好吃！ 前胛心肉（palette，又稱bikini）在肩膀上方、靠近梅花肉。帶骨前胛心是燉煮或烤肉的不二之選。去骨前胛心可整理綑綁成大塊烤肉，肉質軟嫩鮮美，帶漂亮油花。

板油

板油（panne）是豬腎周圍的脂肪，雪白絲滑富光澤。切下後，加熱至融化並過濾即成豬油。風味鮮明，因此烹飪用途較受限制，不過常用來製作麵包。

豬蹄

豬蹄（pied）通常水煮後火烤，也可用於製作肉凍、熟肉醬，或是為高湯增添鮮美膠質。

上胸肉

上胸肉（plate de cote）是前段胸肋，最適合做成鹹豬肉，也可選購新鮮生肉，適合細火慢燉使肉質滑嫩鮮美。

臀肉（臀菲力）

臀肉（pointe）位在大腿上方，等於牛的臀肉。臀肉比梅花肉瘦，不過比豬菲力（豬里肌）肥腴。通常會去骨整理捆綁成上等烤肉。

腹脅肉（五花肉）

腹脅肉（poitrine）非常適合放進烤箱烘烤，也可做成南法豬五花（ventrèche）。此部位不像背脂只有肥肉，因此又稱「五花肉」（lard maigre）。

豬尾

豬尾（queue）也是乏人問津的部位。可先放入高湯煮熟，裹上麵包粉（也可省略）後炙烤。

里肌小排

里肌小排（travers）是胸肋的上方帶骨的部分。法國南部的切割方式不同，習慣保留較長骨頭的小排，方言稱為「coustellous」，肉較少也較瘦的排骨則稱為「couston」。

如果購買整塊熟火腿，記得將豬皮和肥肉冷藏保存，料理時可切成小塊，代替奶油或植物油。

鮮為人知的部位

好吃！ **豬頸**

拜雍（Bayonne）肉製品商 Éric Ospital的突發奇想，從笨重年老的豬隻取出頭部和上背部之間的小肌肉，稱為「lepoa」（巴斯克語的「頸部」）。整塊烘烤多汁軟嫩，切記不可超過七分熟！

好吃！ **蜘蛛肉**

蜘蛛肉（araignée）位在大腿，肉販常常會自己保留這個美味的部位。一隻豬可切兩塊，牛只有一塊。質地類似雞胸肉，不過更細緻美味。

好吃！ **橫膈膜內部肉**

啊！橫膈膜內部肉（onglet）！位置和牛相同，雖然較小，但是熟成更費時，肉質一樣出色，鮮美軟嫩。

好吃！ **橫膈膜外部肉**

橫隔膜外部肉（hampe）是豬身上最神聖的部位，一塊難求！形狀細瘦，肌肉纖維長，肉質雖瘦但極軟嫩，火烤至七分熟即可。也可事先醃漬一夜。

豬排可不只是豬排！

啊！千萬別說「豬排」，除非你是指包在保鮮膜裡乾柴無味的玩意兒。我現在說的可是優質豬排，來自只吃好東西、在充滿愛的環境中慢慢長大的豬。

看看這些秀色可餐的肉！這裡有三片銷魂肋排，對比右下方乾枯乏味的蒼白肉片，色澤、瘦肉裡外油脂的落差顯而易見！你能想像烹調後這些東西會有多美味嗎？如糖果般在口中融化，豐富滋味隨之湧現，帶著栗子、橡實、榛果香氣。而且這些豬肉要七分熟享用，千萬別過熟了！不過右下角那塊東西就隨便你吧，我才懶得管它。

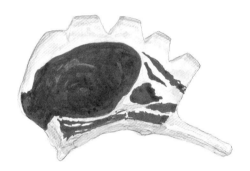

畢格爾黑豬

看看這些肌肉裡外的脂肪，色澤多麼雪白！而肉的顏色多麼鮮紅、肋排多麼厚！想像一下軟嫩的口感，帶有橡實、榛果和杏仁風味，你感覺到了嗎？

利穆贊黑臀豬

這個嘛，相信你已經讀過日本和牛的段落。這塊肋排就是豬肉版的和牛：油脂包裹豬肉，是天堂般的美味啊！充滿栗子和橡實風味，而且油脂在口中化開，我的天啊⋯⋯

努斯塔豬

這個油花真是太讚了！肌肉之間的脂肪也美妙極了！還有外側的油脂！這層脂肪有山區青草、科西嘉灌木、栗子、橡實以及榛果香氣。我的媽媽咪呀⋯⋯太好吃啦⋯⋯

來路不明的豬肉

這片瘦巴巴的東西就不用多說了。可憐的肉豬吃了一堆促進生長的東西，連脂肪都還來不及長呢！肉色蒼白，幾乎透明！這隻豬一定沒受到太多關愛吧。

生火腿和熟火腿？

同樣部位的豬肉和鹽，以兩種古老製法，成為兩塊大不相同的火腿。前者變乾，可保存數個月；後者則保持溼度，僅能保存數日。

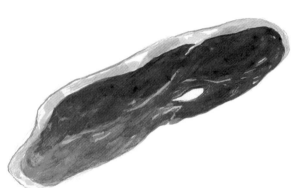

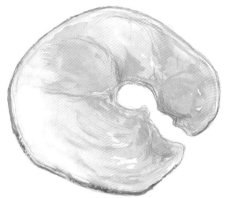

生火腿

除了特定地區，生火腿的製法都一樣：切去下段蹄膀後以粗鹽塗滿豬腿，覆滿粗鹽冷藏約15日。接著清理、沖洗後風乾。風乾過程中鹽分會均勻地滲入豬腿，最多可長達1年。最後還要經過熟成，讓微生物充分發展出獨特風味。熟成時間越長，風味也越加深沉複雜。優質火腿從製作到販售至少費時24個月，頂級火腿則要36至40個月。

生火腿vs風乾火腿？

風乾火腿是生火腿，但生火腿並不是風乾火腿。且聽我解釋……

風乾火腿必須風乾至少4個月，而生火腿沒有最短的風乾時間限制，不過兩者皆是生的。兩種火腿都必須室溫享用，即20℃至25、26℃，才能充分展現風味與香氣。

熟火腿

熟火腿亦然，製作時取下蹄膀、大腿骨，剔除粗筋。去骨後，火腿分成兩部分，先以鹽、糖、辛香料和香草熬出汁液，再加入鹽，製成鹽水浸泡。為了加快此步驟，也會直接在肉中注射少量鹽水。依照想要的效果，浸泡鹽水短則數日，長則超過2週。烹煮前，將兩塊肉放入大紗布袋接合，因此稱為「布袋火腿」（jambon au torchon）。可蒸煮或放進高湯中烹熟，不過一定要用小火，使中心溫度達到71-72℃。靜置冷卻後冷藏保存……

那工業量產的白火腿呢？

這種火腿被注入大量水分，體積幾乎是傳統熟火腿的兩倍大。豬肉攪在一起（就是四、五百隻火腿放進大缸裡絞碎），接著重組塑形，煮熟後切片。商人甚至會在火腿外圍加上少許脂肪或豬皮，令人以為這是真的火腿片……

頂級生火腿

「火腿」源自「腿」字，因此火腿當然來自豬腿，除了有些火腿不使用豬腿，而以其他部位製作。不過只要好吃，沒必要在文字上吹毛求疵……

生火腿是無數地區的文化資產，依照不同豬種、鹽漬用鹽的特性、風乾時的氣候，各地發展出獨有特色。以下就來認識這些最出色的火腿吧！

聖丹尼耶列火腿

▉▉ 法國

黑臀火腿（利穆贊）

來自佩里格（Périgord）北部的火腿職人Jean Denaux，使用法國最頂尖的伊比利品系豬種——利穆贊黑臀豬——製作美味無比的黑臀火腿（Cul noir）。豬隻生活方式為半放養，整個冬季都吃橡實和栗子。風乾熟成長達近36個月，完成的火腿鹹度低，口感腴滑，帶榛果與栗子風味，是全世界最頂級的火腿之一！

頂級

伊拜亞馬火腿（拜雍）

伊拜亞馬火腿（Ibaïama）是純正的巴斯克火腿：巴斯克豬種、巴斯克鹽、還有巴斯克的風（此區多風）。鹽漬使用薩利－德－貝恩（Salie-de-Béarn）的特殊陸地鹹水鹽。熟成將近20個月後，火腿色澤深紅，雪花般的細緻油脂，散發核桃與烘烤辛香料的風味。

路瑟耶火腿（路瑟耶－雷－班，弗日）

路瑟耶火腿（jambon de Luxeuil）製作方式的歷史超過2,000年，混合侏羅紅酒與辛香料，浸泡豬肉1個月，期間定時取出，擦乾後抹鹽；接著放在柳條編製的網架上風乾，以松枝和野櫻桃木煙燻。熟成需時7至8個月。

皮蘇圖火腿（科西嘉島）

皮蘇圖火腿（Prisuttu）使用半放養的努斯塔豬，豬隻冬季吃栗子和橡實，其餘季節則吃地中海灌木青草、樹皮與樹葉。略微鹽漬後熟成2至3年，風味鮮明，帶百里香、馬郁蘭、地中海灌木青草及榛果香氣。

🇩🇪 德國

美茵茲火腿（美茵茲）

拉伯雷（Rabelais）曾在《巨人傳》（*Gargantua*）中特別提及，美茵茲火腿（jambon de Mayence）在18世紀時盛名遠播，但20世紀初期卻幾乎消失，如今再度回歸。近似拜雍火腿，肉質較結實，周圍有豐富脂肪，風味細緻。

🇮🇹 義大利

庫拉堤洛火腿（齊貝洛，靠近摩典那）

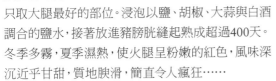

豬隻以麥麩、玉米、大麥及乳清完成肥育，庫拉堤洛火腿（Culatello）只取大腿最好的部位。浸泡以鹽、胡椒、大蒜與白酒調合的鹽水，接著放進豬膀胱縫起熟成超過400天。冬季多霧，夏季濕熱，使火腿呈粉嫩的紅色，風味深沉近乎甘甜，質地腴滑，簡直令人瘋狂……

內布羅蒂火腿（西西里）

內布羅蒂黑豬在西西里北部山區的橡樹山毛櫸森林中，以野放或半野放方式養殖，與野豬非常相似。此豬種面臨絕種，因此內布羅蒂火腿（Nebrodi）非常罕見，滋味細緻，風味濃郁但溫潤。

帕瑪火腿（帕瑪）

大白豬和杜洛克豬吃牧草和帶刺矮灌木，以及製作帕馬森乳酪剩下的乳清。鹽水成分包含大蒜和糖，豬肉稍微鹽漬後風乾2年，完成的帕瑪火腿（Parme）色澤粉紅，肉質稍緊，略帶甜味。

聖丹尼耶列火腿（弗利烏，維內托）

聖丹尼耶列火腿（San Daniele）取自體重200公斤的豬隻，因此每隻火腿重達12公斤。在阿爾卑斯山山風與亞德里亞海的微風吹拂下熟成18個月後，重壓（盡可能排出水分）形成有如吉他的獨特外型。略帶甜鹹風味。

史貝克火腿（南提洛）

史貝克火腿（Speck）發源於義大利北部、與奧地利接壤處的上阿迪傑（Haut-Adige），以鹽、糖、大蒜、杜松子和多種辛香料調味，冷燻後風乾並熟成2年。火腿色澤深紅，脂肪雪白，風味帶果香，尾韻綿長。

🇪🇸 西班牙

曼加利查火腿

使用匈牙利的曼加利查豬種，不過主要在西班牙製作，肌內與肌外脂肪含量更勝伊比利豬，而且脂肪融點更低。曼加利查火腿（Mangalica）稀罕少見（曼加利查豬才剛從絕種邊緣被救回），滋味強烈，帶榛果香氣，齒頰留香。

100%伊比利火腿

100%伊比利火腿（Jambon 100% Ibérico）使用伊比利豬製作，此品種特性是含有油酸，橡實是其冬季主要食物，因此擁有豐富肌間脂肪。伊比利火腿必須在西班牙西南部的獨特氣候風乾將近3年，是全世界最美味的火腿之一，品質絕佳！

塞拉諾火腿（瓦倫西亞和薩拉戈薩之間的特魯埃爾，以及馬拉加、阿爾梅利亞和格拉納達之間的特維雷茲）

西班牙的山區稱為sierras，塞拉諾火腿（Serrano）因而得名。塞拉諾火腿比伊比利火腿大，油脂較少，抹鹽乾醃後以熱水洗淨，接著在山區的乾涼氣候下風乾熟成15個月。色澤從深粉紅到紫紅色皆有，偏黃的白色油脂風味十足。

特魯埃爾火腿（Teruel）為法定產區等級（AOC），來自特魯埃爾省，豬隻斷奶後吃大麥，熟成時間達28個月。

特維雷茲（Trevélez）的塞拉諾火腿也擁有地理保護認證（Indication Géographique Protégée, IGP），在安達盧西亞最北邊的村莊製作，熟成時間達28個月。

這兩種塞拉諾火腿的品質極高，售價可比100%伊比利火腿。

伊比利火腿，要選黑蹄還是貝洛塔？

啊，黑蹄火腿！讓西班牙美食盛名遠播的火腿……你知道嗎，製作這款火腿的伊比利豬整個冬天都在大吃橡實呢！

伊比利豬的生活

伊比利豬是非常古老的品種，需要時間慢慢成年。特性是可儲存橡實中的油酸(oleic acid)，長出肌內脂肪，形成伊比利火腿獨樹一幟的風味。

史地小介紹

西班牙內戰（1936-1939）後，人們費盡心力在西南部重建人工造林，而這種稱為「dehesa」的造林系統歷史悠久，中世紀便已存在：種植常綠樹種（常綠橡樹、西班牙栓皮櫟、山毛櫸、松樹等），林間可放牧與農耕。

季節變換

夏季月分中，伊比利豬沒有太多食物，幾乎是飢荒。接著秋天來臨，10月開始「montanera」（豬隻放進橡樹林，吃橡實肥育），正是橡實掉落的季節。伊比利豬像豬一樣貪吃，為隔年夏季儲備大量脂肪。

鏘鏘鏘！

隔年夏季，豬隻繼續成長，體重接近100公斤，但是牠們餓的前胸貼後背，可憐的豬。然後，鏘鏘鏘！秋天帶著多如繁星的橡實再度降臨。餓了好幾個月的伊比利豬開始大吃特吃，一天可吃下10公斤的橡實呢。

接著……砰！

放林肥育結束後，趁豬隻肌肉中富含油酸、尚未消耗儲存的脂肪時，砰！伊比利豬就這樣壯烈成仁（注意，要說「成仁」，別說「屠宰」）。

製作工法

屠宰後，切下伊比利豬的四肢，放進濕度極高的冷藏室約6至7小時，使溫度降到6℃。

鹽醃

接著將豬腿塗滿厚厚一層鹽，醃6到10天，這段期間豬肉會稍微流失水分，然後再以溫水洗淨表面。

鹽醃後期

洗淨後，將豬腿放進第三間冷藏室，靜置1到2個月，讓鹽分均勻滲入豬肉，使肉品得以保存。

天然風乾

風乾室通常為自然流動的空氣，火腿放在此處6至9個月。

此時火腿會稍微脫水，慢慢產生梅納反應（見174頁）。接著糖分集中，脂肪氧化、稍微融化並逐漸滲入肉裡。微生物和黴菌不遑多讓，也努力生長著。總之，火腿內部正如火如荼地工作呢！

熟成

火腿(再度!)移至潮濕的地窖,使當地原生酵母得以生長。此時火腿才真正開始發展出最細緻濃郁的風味,並產生堅果、榛果等香氣。慢慢等待30到50個月,最高級的火腿總算完成。

品嘗

別指望我會和你們分享,我可是個自私鬼!

黑蹄與其他火腿

西班牙法規向來含糊不清,不過最近終於有所改變。黑蹄火腿與其他伊比利火腿的法定標準不盡相同:

100%伊比利貝洛塔黑蹄火腿

100%伊比利貝洛塔黑蹄火腿(jambon Pata Negra Bellota 100% Ibérique)從現在起,黑蹄火腿(Pata Negra)必須使用純種伊比利豬(未經任何雜交),豬隻完全放養,夏天吃青草和果子,冬天吃橡實。不過注意,100%伊比利貝洛塔黑蹄火腿非常稀有,僅佔西班牙火腿總產量的0.5%。火腿附黑標作為識別。

伊比利貝洛塔火腿

伊比利貝洛塔火腿(jambon Ibérique Bellota)使用血統純度75%的伊比利豬。豬隻放養,冬季吃橡實,夏季吃青草和果子。火腿帶紅標。

伊比利放養雜糧火腿

伊比利放養雜糧火腿(jambon Ibérique de Cebo de Campo)使用血統純度75%的伊比利豬,放養,食物是雜糧、青草、水果等等,但不吃橡實。火腿帶綠標。

伊比利雜糧火腿

伊比利雜糧火腿(jambon Ibérique de Cebo)使用血統純度50%的伊比利豬,為豬舍圈養,人工餵食穀物和青草。火腿帶白標。

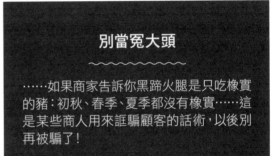

別當冤大頭

……如果商家告訴你黑蹄火腿是只吃橡實的豬:初秋、春季、夏季都沒有橡實……這是某些商人用來証騙顧客的話術,以後別再被騙了!

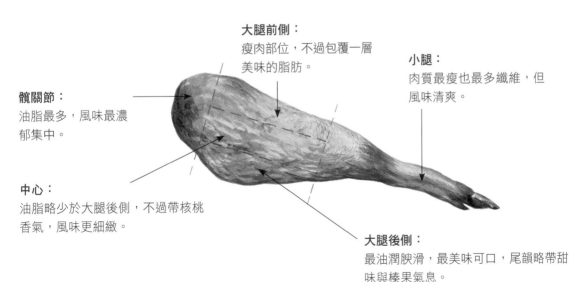

大腿前側:
瘦肉部位,不過包覆一層美味的脂肪。

小腿:
肉質最瘦也最多纖維,但風味清爽。

髖關節:
油脂最多,風味最濃郁集中。

中心:
油脂略少於大腿後側,不過帶核桃香氣,風味更細緻。

大腿後側:
最油潤腴滑,最美味可口,尾韻略帶甜味與榛果氣息。

黑蹄火腿切割方式

帶培根回家？

法國培根在英式培根面前相形見絀，不過容我提醒親愛的英國朋友們，「bacon」一字可是源於法文！「培根」原指鹽漬豬背肥肉薄片，也就是縱剖的半隻豬。總之，培根究竟來自英國還是丹麥，我們完全不在乎。

培根，你的家鄉在哪裡？

丹麥人在1850年代從英國引進培根，搭配馬鈴薯食用，歷史悠久。英國人沿用切薄片的方式，從此成為世人熟知的培根片。時至今日，英國吃掉的培根，超過半數來自丹麥。

培根是豬的什麼部位？

英式和丹麥培根使用豬背肉，切下脊突之間周圍滿是脂肪的肉。不過也可取其他部位的肉製作培根：美式培根使用豬腹五花肉；加拿大培根同法式培根，使用里肌肉；有些甚至使用豬頰肉或肩膀下方肉。

培根和「巴孔」

法國人對培根一無所知，因為法式「巴孔」（法文中bacon的發音）又乾又柴，一點滋味也沒有，烹調後也不會變成可口的金黃色，是不吃也罷的東西。連鎖速食店的漢堡裡夾的就是這玩意兒……你現在知道法式培根多沒意思了吧？直接掃進垃圾桶！

培根的好，英國人最知道！

啊！英式培根……在英國全然是另一番光景。英國甚至培育特殊豬種，像是湯沃斯（Tomworth）和沙德白克，或是盤克夏和格洛斯特老斑豬，都能做成可口的培根。

如何製作培根？

如同所有醃漬，有兩種做法：

乾式鹽醃

這是手工製作法，最美味但也最費時：鹽、糖和辛香料混合後，均勻塗滿豬肉，靜置數日，期間定時重複抹鹽手續。接著豬肉掛起風乾2週，最後熟成數月，有時長達1年。有些人會以蘋果木、山毛櫸、櫻桃木等煙燻。

浸漬鹽水

此製成最迅速，因此也最廣為使用，不過風味略差：豬肉放入鹽水，以及用糖或楓糖漿調味的糖水，浸泡2日至1週，接著豬肉吊掛2週略微風乾。

至於大量製作的培根，會注入各種成分以加速醃漬過程，並以化學添加物增添滋味。嗯！

醃漬完成後，培根就可以吃了，稱為「半成品培根」（green bacon）。若經過煙燻，就變成……煙燻培根！

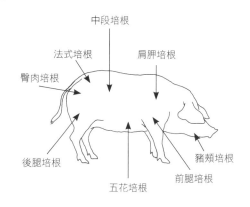

中段培根
法式培根
肩胛培根
臀肉培根
後腿培根
五花培根
前腿培根
豬頰培根

臀肉培根

臀肉培根（back bacon）取自豬的後段，是英國獨有的切割法。瘦肉外裹著一層美味油脂，是英國和愛爾蘭最常食用的培根。

中段培根

中段培根（middle bacon）取自豬身兩側，風味與脂肪含量介於臀肉培根和五花培根之間。適合小火慢煎，起鍋前炸一下。

肩胛培根

肩胛培根（collar bacon）取自肩部，油花豐富，因此烹煮後也不會過於乾柴。烹調方式同中段培根，適合搭配油脂較少的料理。

頂級

豬頰培根

未經風乾的豬頰培根（jowl bacon），以及時常用來製作培根蛋黃麵（carbonara）的義大利風乾豬頰（guanciale）是相同部位。此部位油脂中帶少許瘦肉，滋味銷魂……適合油炸搭配蔬菜。

前腿培根

前腿培根（picnic bacon）又稱農舍培根（cottage bacon），取自豬隻肩部，油脂少，特色是肉質較其他培根結實。風味較不鮮明。

五花培根

五花培根（streaky bacon）取自豬腹脅，帶多層厚厚的脂肪。這是美國最普遍的培根，在法國稱為「五花」，有煙燻或未煙燻兩種。部位同義大利的風乾豬五花（pancetta）。

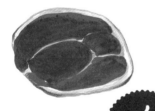

頂級

後腿培根

後腿培根（gammon bacon）又稱威爾特郡培根（Wilstshire bacon），製作方式源自9世紀中葉，風味鮮美溫潤。可視喜愛的口感厚切或薄切，絕對是最美味的培根。

法式培根

法式培根完全不配稱為培根。以工業方式製作，灌滿水，帶劣質煙燻氣味，煎了也不會變成金黃色……我想各位讀者應該都知道，這種東西絕對不可能是我的心頭好。

拔得頭籌

英文的「Bring home the bacon」就是拔得頭籌的意思：在過去，園遊會的最大獎總是肥滋滋的豬，誰抓到就可以帶回家。婦女們會在場邊大喊「Bring home the bacon!」為參賽者加油。

銷魂的豬脂！

我現在要介紹的是令人難以置信的美味：風乾熟成的豬脂，歷經數個月，
用無盡的愛醞釀而成的頂級食品。

忘掉那些料理或濃湯中用來提味卻索然無味的厚豬脂片。想想黑蹄之類的頂級火腿，需時3年才能完成一小
塊無上珍饈。沒錯，我現在說的豬脂也同樣出色，這可是其他地方都沒有的特殊產品。來看看小介紹吧……

科隆那塔豬脂

這個不得了，非常非常高級，毫無疑問是公認的
美味豬脂，製法從古代流傳至今。科隆那塔豬脂
（lard de Colonnata）取自古老豬種的背部，在
托斯卡尼卡拉拉城外的科隆那塔製作。這樣你懂了
吧，卡拉拉城和其品質絕佳的雋永大理石……
豬脂厚度至少3公分，屠宰後72小時內放入以大蒜
塗抹過的大理石槽。接著依次放上大蒜、迷迭香、
鼠尾草、奧勒岡、鹽和黑胡椒，此外還有八角、肉
桂、丁香和肉荳蔻。豬脂在槽中熟成將近2年。熟成
期間，鹽會吸收脂肪中的水分，使其轉為乳白色，
脂肪也會捕捉槽中辛香料的風味。防水的大理石隔
絕性佳，確保全程恆溫。

完成的豬脂細緻度超乎想像，雪白溫潤富光澤、近
乎透明，香氣清爽，胡椒、青草和辛香料氣息撲鼻
而來，風味柔和高雅，如夢似幻（你沒看錯，豬脂
也能很夢幻，這樣懂了吧！）
柯隆那塔豬脂必須切的薄如捲煙紙，室溫享用，若
條件允許，可略高於室溫：豬脂在25至26℃時，風
味會達到巔峰。
品嚐時將豬脂放在烤過的黑麥麵包片上，使其稍微
融化，搭配乳酪或蜂蜜，或是什麼都不加，讓豬脂
在口中化開。煎過的蘆筍以柯隆那塔豬脂捲起，油
脂會在熱燙的蘆筍表面微微融化，也非常美味。關
於這個豬脂，要我寫幾頁都不成問題……

我會趁老婆還沒起床時，準備幾片豬脂當做早餐。這是我的美味小
祕密，千萬別告訴她唷……

阿爾納德豬脂

呼……阿爾納德豬脂（lard d'Arnad）也是絕妙無比。知名度遠不及柯隆那塔豬脂，然而美味程度絕對不相上下。阿爾納德是一個小村莊，位在義大利北部奧斯塔河谷（vallée d'Aoste），離夏慕尼（Chamonix）不遠。阿爾納德豬脂使用肩膀上方的梅花肉脂肪製作。

在浸漬鹽水中熟成，其中加入生長在阿爾納德河谷的香草植物，特別是迷迭香。整塊豬脂放進橡木、栗木或松木製的模具（義大利文：doïls），熟成約需時3個月，完成的豬脂帶鮮明草本風味。品嚐方式同柯隆那塔豬脂。

100%伊比利貝洛塔豬脂

製作真正黑蹄火腿的伊比利豬擁有風味雋永的油脂，尤其是背部上方。豬脂鹽醃後沖洗，最後與火腿一同風乾，因此吸收些許火腿的香氣與風味。比起柯隆那塔豬脂，伊比利貝洛塔豬脂較富果香，風味也較強烈，白色珍珠色澤，帶榛果、核桃……等堅果香氣，100%伊比利貝洛塔火腿的魅力全然濃縮其中。

風乾豬頰脂

風乾豬頰脂（guanciale）源自羅馬一帶，是豬的臉頰和頸部，保留少許瘦肉。風乾豬頰有許多不同的製作方式，不過以拉齊奧區雷皮尼山（monts Lépins）的做法最有名。豬脂以葡萄酒沖洗，抹上鹽、粉紅胡椒及辛香料後風乾2個月。風乾豬頰脂顏色雪白，質地略緊實，帶青草和濃郁的麝香氣息；必須稍微煮熟後食用，是製作培根蛋黃麵和辣味番茄麵（all'amatriciana）的必備食材。

伊比利豬五花

伊比利豬腹五花（ventrèche de porc Ibérico）和伊比利貝洛塔豬脂使用相同豬種，同樣在西班牙西南部製作。鹽醃風乾後，在空氣流通處風乾數月。豬脂色澤逐漸轉為珍珠白，帶榛果風味，清爽微甜。

畢格爾黑豬五花

畢格爾黑豬胸五花（ventrèche plate Noir de Bigorre）只使用豬胸脂肪，製作時先裹上鹽和碾碎胡椒，風乾後熟成超過6個月。色澤淡粉紅，帶微甜胡椒風味。畢格爾黑豬的油脂風味絕佳。

血腸的世界

黑血腸主要以豬血和豬脂製作，早在古代就存在，是已知最古老的香腸之一。過去人們習慣在屠宰豬隻的季節，也就是秋季，食用血腸。

無論黑色、白色、綠色、大的或小的、冷吃、熱食、油炸、薄煎或厚煎、壓碎搭配麵包，血腸的品嚐方式不勝枚舉。每個國家都有血腸特產與祕方。一起跟著此生必吃的血腸，來趟小小的環遊世界吧。

▌▌法國

加拉巴血腸（西南大區）

加拉巴血腸（galabart）是豬腸衣填入豬血、豬頭肉、豬皮，有時加入豬舌、豬肺和豬心。也可加入麵包丁和肥肉塊。

頂級

科西嘉血腸（科西嘉島）

科西嘉血腸（sangui）使用科西嘉品種的努斯塔豬血製作，加入野生香草、地中海灌木香草，還有洋蔥、薄荷與野生馬郁蘭。

克里奧血腸（安地列斯）

克里奧血腸（boudin créole）可使用綿羊或山羊血取代豬血，材料為麵包屑、辛香料與泡過辣椒的水，口感濃郁。

▌▌比利時

綠血腸（中部、布拉邦－瓦隆省）

綠血腸（vète trëpe）主要材料為豬的白肉和辛香料，並加入1/3的甘藍與捲葉甘藍，因此顏色是……綠色的！

✖ 蘇格蘭

斯托諾威黑布丁（西部島嶼）

源自於蘇格蘭的斯托諾威黑布丁（Stornoway Black Pudding）在英國家喻戶曉，成分包含燕麥片和牛腎周圍的脂肪（牛板油）。質地鬆軟，帶強烈胡椒香氣。

頂級

▰▱德國

圖林根紅香腸（中央東部，靠近邊界）

圖林根紅香腸（Thüringer Rotwurst）現存最古老的食譜可追溯至1613年，使用鹽水浸漬12小時的豬肩和豬頰，並加入豬肝和豬皮。

▮▮義大利

比羅多血腸（托斯卡尼）

比羅多血腸（biroldo）顏色極深，質地細緻，材料包括豬心、豬舌和豬肺，並加入辛香料（丁香、茴香籽……）。

布里斯托血腸（西恩納）

布里斯托血腸（buristo）非常粗大，材料有豬頭與豬脂、檸檬、橙皮絲、鼠尾草，偶爾也加入松子。搭配脆麵包片享用。

▰▱西班牙

布戈斯米血腸（西班牙北部卡斯提亞自治區的布戈斯省）

布戈斯米血腸（morcilla de Burgos）的材料為豬血和豬肥肉、洋蔥、米、豬油、辣椒。卡斯提亞某些地區會加入南瓜和葡萄乾。

甜血腸（加那利群島）

甜血腸（morcilla dulce）呈黑色，極甜，製作材料有杏仁、蜂蜜、肉桂，還有松子和葡萄乾。加利西亞也能見到。

▰▱芬蘭

黑香腸（芬蘭西南部的坦佩雷）

黑香腸（mustamakkara）的製法非常古老，使用碾碎黑麥、麵粉、洋蔥。食用時搭配越橘果醬、熱牛奶或紅酒。

▰▱冰島

羊血腸

羊血腸（slátur）的製作方式也非常古老，材料為綿羊血、內臟與腎臟周圍的脂肪、燕麥。這種血腸通常

現場製作販售，讓顧客選擇食材比例，自行灌製。

▰▱瑞典

血布丁

血布丁（blodpudding）略帶甜味，材料為豬血、豬脂丁、牛奶、黑麥、啤酒、糖蜜和辛香料。搭配冰牛奶享用。

▰▱美國

美式比羅多血腸（舊金山）

比羅多血腸源自義大利，美式版本可使用牛血代替豬血，其他材料還有豬鼻肉、松子、葡萄乾及辛香料。

紅血腸（路易西安那）

紅血腸（boudin rouge）質地略帶顆粒感，材料包括豬肝、米、青蔥及粉紅胡椒，別把它和不加血的卡郡腸（boudin cajun）搞混了。

▰▱巴貝多

血香腸（加勒比海）

血香腸材料有豬血、地瓜、洋蔥、辛香料及巴貝多香草，傳統吃法是搭配豬腳和豬耳。

▰▱法屬圭亞那

血香腸（加勒比海）

血香腸一般使用牛血製作，並加入米、辛香料、百里香和羅勒等香草。經常搭配辛辣的胡椒醬食用。

▰▱巴西

血腸

這款血腸（chouriço、morcilla、mocela）是葡萄牙血腸的變化版，在巴西非常普遍，做為巴西烤肉（churrasco）的前菜。

最佳羔羊與綿羊品種

現在要介紹美味超乎想像的羔羊與公綿羊品種！你沒看錯，公綿羊也在這份清單上，但這可不是一般的公綿羊！趕快做筆記，衝到肉店向肉販預訂這些少見且滋味難以匹敵的珍饈部位吧。

極品中的極品

庇里牛斯羔羊

庇里牛斯羔羊（agneau de lait des Pyrénées）只喝母奶，而且由母羊親自哺乳。除此之外別無其他食品，沒有抗生素，也不吃穀類。夏季時，牧地上的青草是綿羊的主食，10月分生下小羊。羔羊在20到45天大之間屠宰，屠體重量為6至8公斤。為了依循自然的規律，只有每年10月15日到隔年6月15日之間有庇里牛斯羔羊肉。羔羊肉在西班牙的地位等同法國的肥肝，超過3/4的產量皆出口至西班牙。庇里牛斯羔羊只喝奶，因此肉色淺，細嫩柔軟，風味清淡。

品種： 馬內克黑面羊（Manech tête noire）、馬內克紅面羊（Manech tête rousse）、巴斯克－貝亞恩羊（Basco-béarnaise）

體重： 15至20公斤

屠體： 8至10公斤

聖米歇爾山鹽沼小羊

聖米歇爾山鹽沼小羊（agneau des prés-salés du Mont-Saint-Michel）的放牧法源自中世紀，封建領主在聖米歇爾山周圍築起海堤，增加濱海的土地。羔羊的適應力強，生長速度慢，住在羊圈，待潮汐退去才前往漲潮時沒入海水的牧地（les molières）吃草奔跑。此處發展出獨特的耐鹽植被（可生長在鹽水和含鹽土壤中），如海岸禾本科植物（puccinellie）、濱藜（obione）、鹽角草（salicorne），賦予羊肉花香與碘味。鹽沼地放牧期不可少於70天，放牧季從6月初開始，隔年1月結束。由於羊隻必須行走很長的距離覓食，鹽沼小羊的肉較結實，油脂少，風味強烈。

品種： 阿弗朗琴羊（Avranchin）、胡桑羊（Roussin）、薩福克羊（Suffolk）、漢普羊（Hampshire）……

體重： 40至50公斤

屠體： 20至25公斤

看看這些小羊，多可愛呀！
工業化養殖絕對見不到這麼棒的小羊。

凱爾西農場小羊

凱爾西農場小羊（agneau fermier du Quercy）早在18世紀末就廣為人知，放養在洛特省（Lot）凱爾西乾旱不毛的喀斯地區。一切都非常美好，直到1970-80年代，法國開始進口大量小羊在洛特省屠宰，並掛名本地法定產區販售。少數飼育者不甘現狀極力爭取，首度在1996年取得紅標認證（Label Rouge）。凱爾西農場小羊只喝母奶直到2個月斷奶，接著在羊圈肥育，3個月大之前屠宰。屠宰後還要經過嚴格篩選，只有1/3的屠體能稱為「凱爾西農場小羊」。肉質顏色淺，脂肪色白結實，風味細緻。

品種：洛特喀斯羊（Causses du Lot）

體重：30至40公斤

屠體：15至20公斤

巴烈傑－加瓦尼羊

巴烈傑－加瓦尼羊（Barèges-Gavarnie）非常獨特。上庇里牛斯省的高山上有個與世隔絕的小小河谷，當地居民過著幾乎自給自足的生活。此處受海洋型氣候影響，日照非常充足。河谷深處生長的牧草品質絕佳，專門採收在冬季餵養家畜。夏季時，羊隻到海拔1,800至2,500公尺處放牧，那裡的植被特別豐美。巴烈傑－加瓦尼羊有兩種：大多數為肉用母綿羊，養到2至6歲；另一種則是放牧兩個夏季、養至2歲的閹公羊（doublon）。肉色鮮紅富光澤，充滿細緻油花，口感滑嫩，齒頰留香，帶紅花百里香和甘草風味。

品種：巴烈傑羊（Barégeoise）

體重：45至60公斤

屠體：22至30公斤

最佳羔羊與綿羊品種

極品

波亞克小羊

波亞克小羊（agneau de Pauillac）是飼養在羊圈的小羊，不吃青草，而是直接喝母奶，然後加入穀物肥育。波亞克小羊飼養在吉宏德（Gironde）最頂級的波爾多葡萄酒產區，氣候條件得天獨厚；羊媽媽是乳羊品種，羊爸爸則是肉羊品種，小羊兼有兩者優點，令人難以想像這竟是未斷奶的羔羊肉。肉色淺，口感細緻。

品種：母羊／拉孔肉用羊（Lacaune viande）、中央高原白羊（Blanche du Massif Central）；**公羊**／夏洛萊羊（Charollais）

體重：20至30公斤 **屠體**：10至15公斤

迪亞蒙丹小羊

迪亞蒙丹小羊（agneau le Diamandin）是精選肉質最佳的放牧品種，與英系公羊雜交而成，如薩福克羊、薩斯當羊（Southdown）、文斯勒德羊（Wensleydayle）……。小羊飼養在法國中西部，主要位於普瓦圖－夏朗德（Poitou-Charentes），出生頭2個月喝母奶，接著改吃青草、乾牧草和穀物。肉質細嫩油脂少，鮮美可口。

品種：夏莫瓦羊（Charmoise）、夏洛萊羊、旺代羊（Vendéen）、西部紅羊（Rouge de l'Ouest）……

體重：35至40公斤 **屠體**：14至22公斤

阿維隆小羊

阿維隆小羊（agneau allaiton de l'Aveyron）只比未斷奶的小羊大一點點，媽媽是適應力強的拉孔羊，爸爸則是肉用公羊，如夏洛萊羊、西部紅羊。小羊採圈養飼養，主要吃母奶，後期加入乾牧草與穀物。肉質極細緻近乎絲滑，入口即化。

品種：母羊／拉孔羊；**公羊**／夏洛萊羊、西部紅面羊……

體重：30至40公斤 **屠體**：16至19公斤

西斯特宏小羊

西斯特宏小羊（agneau de Sisteron）的母親是適應力佳、具母性的品種，羊乳品質優秀，小羊因而生長快速。西斯特宏小羊生長在牧場，由母羊直接哺乳至少60天。斷奶後，小羊跟隨母羊到牧場吃草，70到150天大的時候屠宰，此時肉色仍淺，柔軟鮮嫩，但風味較濃郁。

品種：亞爾美麗諾羊（Mérino d'Arles）、前阿爾卑斯南部羊（Préalpes du Sud）、穆黑兀羊（Mouréous）

體重：30至40公斤 **屠體**：13至19公斤

阿瑪提克羔羊

阿瑪提克（Amatik）的意思是「來自母親」，因此阿瑪提克羔羊（agneau de lait Amatik）就是……由母羊親自哺育，而且只喝母奶的小羊。這種小羊皆為家族飼育，位在庇里牛斯－大西洋省（Pyrénées-Atlantiques）、巴斯克地區、貝恩，羊隻在15至35天大之間就屠宰，季節為10月到隔年6月。小羊肉色呈淡粉紅，生熟都柔嫩多汁且鮮美。

品種：母羊／拉孔羊；**公羊**／拉孔羊、夏洛萊羊、薩福克羊、西部紅羊……

體重：25至40公斤 **屠體**：13至19公斤

洛澤爾小羊

洛澤爾小羊（agneau de Lozère）品種是適應力極強的中央高原白羊，一如拉孔羊和前阿爾卑斯南部羊，幾乎可獨立放養。小羊喝母奶，斷奶後改吃青草或牧草乾料，肥育結束前也吃少許穀物。肉質柔嫩，風味略濃，尾韻綿長。

品種：中央高原白羊

體重：20至40公斤 **屠體**：10至19公斤

如何選擇小羊？

法國販售的小羊並非依品種分類，而是按照飼養地區、是否有紅標認
證、地理保護標誌（IGP）或法定產區（AOC）。事實上沒這麼複雜……

以下幾個因素都會左右小羊肉的品質：種公種母的品種、飼養地區與方式、小羊的食物，以及屠宰時的年紀。

種公種母的品種

肉質出色的母羊品種通常泌乳量不足以哺育小羊，或者母性極低。可憐的小羊只好快快長大，才能吃青草和穀物。然而這卻不利於小羊肉質，因為喝母奶時間較長的小羊肉質出色許多。

解決辦法

採用肉質極佳的種公羊與母性強、泌乳量大的母羊配種。如此，既能確保母羊有足夠奶水哺乳，小羊也能擁有公羊出色肉質的優點。

小羊的飼養方式

羔羊／未斷奶小羊

羔羊只喝母羊分泌的乳汁。視不同地區，從冬季到隔年6、7月都可品嚐到羔羊肉。母羊食物的品質，如青草或乾牧草，對乳汁品質的影響微乎其微。

圈養小羊

這種小羊如其名，飼養在羊圈裡，全年都有小羊出生。小羊住在室內，不分季節都以同樣方式餵養，因此全年肉質與產量皆相同。

放牧小羊

放牧小羊（agneau d'herbage）冬季出生，先住在羊圈，接著開始吃草。如果在鹽沼地放牧，必須讓小羊有時間吃含碘的青草，因此產季為6月到隔年1月。

認證標誌

紅標（Label Rouge）是官方標誌，確保品質優於常見的相同產品。品種、食物，尤其飼養方式，都是取得紅標的考慮重點。

IGP（地理保護標誌）是歐盟標章，確保肉品的地理產區、品質或所有其他此地理產區的代表性特色。

AOC（法定產區命名）是代表高品質的法國標章，重視工藝與技術，也保護生產者免於被仿冒。

這些標章都是品質的象徵，部分品質絕佳的小羊肉同時擁有紅標和IGP。這些特殊標章也是一級肉品（premiére catégorie）的指標。

進口小羊肉

法國市面上的小羊肉主要從英國或紐西蘭進口……英國和愛爾蘭的小羊肉品質很好，不過來自紐西蘭的小羊肉通常為船運，使用調氣包裝*，以便保鮮數十日……

*編註：調氣包裝（Modified atmosphere packaging），即產品包裝抽真空後，再充填利於保鮮的混合氣體，以大幅增加產品保鮮時間。

小羊和綿羊的小歷史

大家都知道綿羊的祖先來自羊亞科下的羊屬（ovis），然而卻不太了解牠們如何從野生的祖先演化至今。目前最被接受的假設為——綿羊是歐洲和亞洲的摩弗隆羊的後代。

純潔與犧牲的象徵

飼養綿羊最早的遺跡約為10,000年前的美索布達米亞。接著，印度、中國、北非和歐洲也開始飼養綿羊。希臘和羅馬文明會定期獻祭羔羊，以平息神靈怒火或慶祝春季降臨。羔羊從基督教初期就是基督的象徵，「看哪！神的羔羊，除去世人罪孽的」。猶太教的逾越節、基督教的復活節、回教的齋戒月，都是延續這項傳統。

上選菜餚

中世紀時人們食用閹公綿羊和母綿羊，不過飼養綿羊主要是為了取羊毛和羊奶。小羊是有錢人和貴族的桌上佳餚之一，平民百姓有羶味較重的成年綿羊就已經非常滿足。

19世紀末，飼育者再度對小羊肉感興趣，開始育種，依照不同用途改良綿羊的特性，例如羊毛、奶和肉。不同品種的綿羊通常依照飼養地區命名，一如雞隻或牛隻品種。

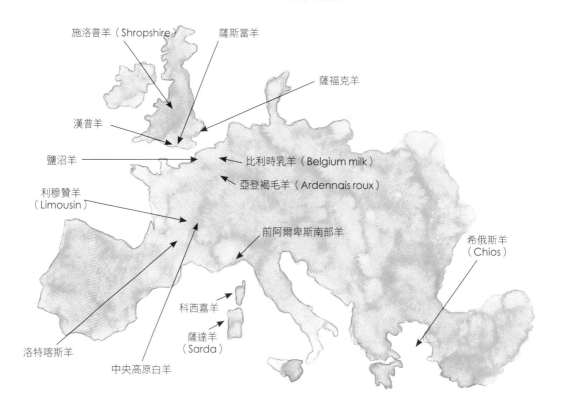

施洛普羊（Shropshire）
薩斯當羊
薩福克羊
漢普羊
鹽沼羊
比利時乳羊（Belgium milk）
亞登褐毛羊（Ardennais roux）
利穆贊羊（Limousin）
前阿爾卑斯南部羊
希俄斯羊（Chios）
科西嘉羊
薩達羊（Sarda）
洛特喀斯羊
中央高原白羊

羔羊　L'AGNEAU

小羊的家族稱謂

小羊蹦蹦跳跳，個性調皮，非常討人喜歡。不過隨著小羊逐漸長大，是否還會是孩子們心中的最愛呢？

羔羊
5至6週大以前，母綿羊的寶寶稱為羔羊，體重為6至8公斤，只喝媽媽的奶。肉色極淺，近乎白色，口感非常柔軟溫和，略帶甜味。

小白羊
長至3、4個月大時就變成小白羊（agneau blanc），體重介於14和18公斤，主要喝羊奶。肉呈淡粉紅色，開始帶點羊肉的味道。

小灰羊
小羊繼續長到5個月大，體重20公斤出頭，稱為小灰羊（agneau gris），開始吃青草，偶爾也吃穀物。肉色為較深的粉紅色，味道也更明顯。

斷奶放牧小羊
超過5個月大後，小羊體重30至35公斤，每天都吃青草和穀物，叫做斷奶放牧小羊（broutard）。肉色轉為淺紅色，羊肉味非常明顯。若是放牧鹽沼地的小羊，現在就可以食用了。

母綿羊
繁殖用的母綿羊（brebis）1年最多可生4頭小羊。細聲細氣的咩咩叫。

閹公綿羊
閹公綿羊（mouton）肉的羶味濃郁強烈。

種公綿羊
繁殖用公綿羊（bélier）是大自然力量的象徵，聲音低吼如駱駝。

食物與肉的品質

雖然全年都買得到小羊肉，不過有些時期的小羊肉更美味。小羊食物的
品質與特性，以及小羊月齡，在在都會左右肉的風味口感。

如同前面所說，小羊可分為三種：乳羊、圈養小羊、放牧小羊。

對於圈養小羊而言，定期出生，而且全年食物皆一樣，因此季節對肉質毫無影響。不過吃母奶的乳羊和吃
青草、乾牧草、甚至鹽沼地牧草的小羊，季節會大大影響風味品質。這些小羊主要出生於冬季和初春，因
此這類小羊肉是有季節性的。

乾草和又瘦又矮的草

青草豐美，還有一些小花

青草較清瘦稀疏，有少許小
白花，土壤顏色變淺

青草較豐厚但較短，沒有
花朵

冬季
羊群回到羊圈，待在溫
暖處。雖然羊隻也能到
戶外，不過主要食物為
乾草。此時乳羊剛剛出
生，由母羊哺乳。

春季
初冬誕生的小羊此時開
始到牧場吃草了。草地
上冒出小花，小羊們開
心地東蹦西跳，好快樂
呀！

夏季
除了山區，其他放牧羊
隻的牧場青草較不鮮
綠。喀斯地的青草被烈
日曬的有些乾枯。鹽沼
地的青草正值最佳狀
態。

秋季
第一波冷空氣降臨，小
羊也逐漸回到羊圈。山
區的小羊從夏季牧場回
來；鹽沼地的小羊仍能
繼續享用獨特的青草。

盤中風味：
乳羊：人間美味。
放牧小羊：初冬非常美
味，尾韻帶些許乾草氣
息。
鹽沼小羊：聖誕節時還
可買到一些季末的鹽沼
小羊，仍非常美味。

盤中風味：
乳羊：人間美味。
放牧小羊：帶些許乾草
氣息，接著轉為少許花
香。
鹽沼小羊：非產季（小
羊才剛開始吃草）。

盤中風味：
乳羊：季節已過，沒有
乳羊了。通常啦……
放牧小羊：山區飼養的
小羊帶細緻的青草與花
朵香氣。乾燥的喀斯地
區的羊肉味道開始變得
較濃。
鹽沼小羊：季節開始，
尾韻帶花香和碘味。

盤中風味：
乳羊：又是產季了，萬
歲！
放牧小羊：山區飼養的
小羊仍有迷人花香。
鹽沼小羊：風味比夏季
更濃郁，是最最頂級的
季節。

小羊的切割

小羊體型嬌小，因此盡可能簡化切割方式，以切出足夠多人分享的大塊肉。不過還是有幾個祕密部位……

法式切割

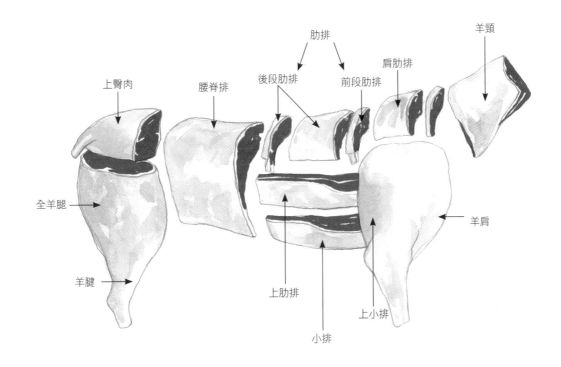

羊頸

肋排

肩肋排

後段肋排　前段肋排

上臀肉

腰脊排

全羊腿

羊腱

上肋排

小排

上小排

羊肩

英式切割

此切割法亦然，依照各部位尺寸大小分切。

美式切割

此切割法能切出的肉更大塊。

小羊部位小字典

你聽過華亞肋排、巴隆半羊、蝴蝶羊肩頸，還有羅斯比全羊嗎？別擔心，我現在就告訴你……

好吃！ 肋排（統稱）

肋排（carré）是整塊前段肋排加後段肋排。優質的肉販會幫你切第4節到第11節的肋排，因為這一段的肉塊大小相同，因此整塊肋排的熟度也較均勻。

羊頸

羊頸（collier）可去骨也可帶骨，需要文火慢煮，通常用來為高湯或小羊肉醬汁增添風味深度。

肩肋排

肩肋排（côte découverte）就在頸部之後，由前五根肋骨組成，含豐富脂肪，因此鮮美柔嫩。此部位等同牛小排，不若其他肋排常見，但風味最鮮明。

腰脊排

接著來看看腰脊排（côte-filet），這五根骨頭其實不是肋排，而是連接在腰椎上的肉，沒有骨柄。腰脊排有數種切法：可切成羊排、雙切腰脊排、五連腰脊排或小羊肋眼。

好吃！ 後段肋排

前段肋排後的4根肋骨就是後段肋排（côte première），其中的第一塊由於油脂和肉的比例絕佳，被稱為華亞肋排（côte royale）。中心肉塊大，骨柄長，油脂少。

前段肋排

肩肋排後面四根骨頭就是前段肋排（côte seconde）。中心肉塊渾圓，沿著骨柄的帶狀脂肪使風味更鮮美。肉與脂肪交錯有致，滋味濃郁。

雙切腰脊排（雙切厚腰脊排、雙切極厚腰脊排）

雙切腰脊排（double côte）是腰脊排的切法之一，連著完整脊椎切下，雙切厚腰脊排（lamb chops）厚度為1.5公分，雙切極厚腰脊排（mutton chops）厚度為3公分。等於兩塊連在一起的丁骨牛排。

好吃！ 羊肩

比起羊腿，羊肩（épaule）的油脂較多，肉質更滑嫩，可以整塊烘烤或切小塊煎炒。帶肩胛骨烘烤，或者去骨捲起、可填料也可不填。記得選購形狀渾圓飽滿，而非扁長的羊肩。

好吃！ 上小排

唉呀呀！上小排（épigramme）真是好吃到令人瘋狂，油滋滋的、鮮美極了！此部位在肩膀下方，包含部分小排。帶骨的上小排較佳，火烤或燉煮都超、好、吃！

羊菲力

羊菲力（filet）是腰脊排的另一種變化，雖然是相同部位，不過是去骨且不帶腹脅肉。一片腰脊排可切出兩塊羊菲力，一邊一塊。

全羊腿

連著臀肉的全羊腿（gigot）是家族聚餐的經典料理。市面上的羊腿有各種形式：完整羊腿、去骨捲起、製成帶飽滿肉眼的小型烤肉捲、切排等。用鑄鐵鍋文火慢燉是人間美味。

去臀羊腿

去臀羊腿（gigot raccourci）部位同羊腿，但不包含臀肉。

上肋排

上肋排（haut de côtelettes）是精選的帶骨肋排。由於有許多骨頭，肉質較緊實，也有少許骨髓。以小火長時間燉煮就能釋放風味，鮮美可口。

小羊肋眼

小羊肋眼（noisette）也是腰脊排的變化：後段肋排或腰脊排去除骨頭和外圍脂肪後留下的中心部分就是小羊肋眼。

羊蹄

羊蹄（pied）被歸類在內臟，經常用來製作細滑可口的膠凍，為肉凍和肉醬增色，或搭配冷肉料理。

小排

小排（poitrine）是小羊的下半部，包括上小排和上肋排等多個部位。胸腹部富含骨頭和軟骨，由腹部肌肉組成。可整塊燉煮。

好吃！

臀肉

臀肉（selle gigot）是小羊的上臀部，等於小牛上臀肉或牛臀肉後段，肉質多汁鮮美。通常去骨後整塊做成烤肉或切片販售。

五連腰脊排

五連腰脊排（selle anglaise）也是腰脊排的變化，包含五塊不分切的腰脊排，是所有部位中的王者，如果你還沒吃過，一定要嚐嚐！

羊腱

羊腱（souris）是後腿下方，等同其他家畜的腱子（jarret）。肉質滑嫩富膠質，有時與大腿分開販售。只要願意花時間慢煮，就會非常美味。

鮮為人知的部位

庫羅腿

庫羅腿（culotte）是羊的後段，包含2條羊後腿和2塊臀肉。

好吃！

巴隆半羊

巴隆半羊（baron）是庫羅腿加上五連腰脊排，包括2條羊後腿、2塊臀肉，以及五連腰脊排。

羅斯比全羊

巴隆半羊加上整塊背部肋排就是羅斯比全羊（rosbif）。簡單來說就是整隻小羊，但不包含胸腹、肩部和頸部。

蝴蝶羊肩頸

羅斯比全羊以外的肩部和頸部就是蝴蝶羊肩頸（papillon）。

最佳肉雞品種

如同其他家禽家畜，盤中雞肉的品質主要取決於品種。以下是最好吃的家雞品種。

這些雞可不是泛泛之輩

有些品種產蛋量極佳，但是肉質平淡無味；有些則既會下蛋，肉也好吃；還有一些稱為「肉用雞」的品種，以優秀的肉質聞名。有些雞種肉質結實，有些較軟；有些肉色深，有些則是白色。

關於農場雞*

選購「農場雞」（poulet fermier）是最低標準，但是並不足以保證買到極優質的好雞。「農場雞」只代表飼養方式，而非雞隻的養殖地區或品種。向肉販詢問雞肉品種，如果他答不出來，那最好換一家肉店……

品種命名

古老雞種通常以飼育城市的名稱命名，聽到雞的名字時可別驚訝，這些並不是文法出錯喲。巴貝濟品種（Barbézieux）稱為巴貝濟雞（la Barbézieux），勒芒品種（le Mans）則稱為勒芒雞（la Le Mens）。解說完畢，開動！

*編註：指以傳統農舍半放養式養出來的雞，但這名詞並不代表雞的品質。

極品中的極品

拉佛列什雞

拉佛列什雞（La Flèche）源自15世紀的薩特省（Sarthe），通常為黑色，不過也有藍色、白色、珍珠灰或黑白花斑。雞隻約8至10個月大時達到品質巔峰。此雞種個性高傲，雞冠呈兩個尖角狀，外觀兇猛。雞肉色澤深，肉質緊實鮮美，最好以鑄鐵鍋燉煮；做成烤雞也美味，不過務必使用低溫。

公雞：4.5至5公斤 **母雞**：3.5至4公斤

勒芒雞

勒芒雞（Le Mans）在20世紀中葉消失殆盡，不過少數執著的飼育者以其他古老品種雜交，致力復育此雞種。勒芒雞雞冠鮮紅，全身披滿帶綠色光澤的黑羽毛，壯碩有力。以品質來說，公雞和母雞肉沒有優劣之分，相當接近巴貝濟公雞肉。肉質富油脂，非常軟嫩。

公雞：3至3.5公斤 **母雞**：2.5至3公斤

直接詢問肉販或禽肉販你想要的雞種，這樣他們就會知道遇上內行客人了。

巴貝濟雞

巴貝濟雞（Barbézieux）生長速度非常慢，因此在20世紀初期完全消失。此雞種神氣十足，外型高貴強壯，腿長且雞冠又大又漂亮。比起一般的雞，巴貝濟雞的氣勢更像肥壯的布列斯閹雞（chapon de Bresse）。肉色雪白結實卻不失柔嫩；風味與一般認知的雞肉天差地別，因此很難以文字形容。大致而言，母雞肉質大大優於公雞。此出色雞種只要低溫烘烤就非常美味。

公雞：4.5公斤 **母雞：**3.5公斤

最佳肉雞品種

極品

雷恩杜鵑雞

雷恩杜鵑雞（coucou de Rennes）一身近似杜鵑鳥的羽毛使其聲名遠播。此雞種源自20世紀初期，但在1950年代幾近絕跡，直到1988年才由雷恩生態博物館（écomusée de Rennes）復育。肉質細緻結實，風味鮮明，就像奶奶家養的雞，並且略帶榛果風味，迷人極了！最適合簡單烘烤，做為全家人的週日午餐。

公雞：3.3至3.8公斤　**母雞**：2.7至3.2公斤

杜蘭傑令雞

又一個差點因為二戰和工業化養殖來臨而消失的雞種！杜蘭傑令雞（géline de Touraine）約4個月才成熟，雖然較其他農場雞慢，不過比前述品種快；此雞種又被稱為「黑貴婦」（Dame noire）。肉質雪白稍緊實，多汁美味，大人小孩都能吃的心滿意足。

公雞：3至3.5公斤　**母雞**：2.5至3公斤

布列斯－高盧雞

布列斯－高盧雞（Bresse-Gauloise）是最古老的品種之一，如果養在特定地區，也就是布列斯（Bresse），並且羽毛全白，就能稱為布列斯雞，也是唯一擁有AOC的雞種。此品種適應力強、好鬥具野性，羽毛為白色，雞冠鮮紅，雞腳則是「藍色」。肉質雪白，稍微結實卻滑嫩，帶豐富油花與肌內脂肪。別忘了一定要小火烹煮！

公雞：2.5至3公斤　**母雞**：2至2.5公斤

烏丹雞

烏丹雞（Houdan）誕生於19世紀，由不同品種雜交而成，有鬍鬚、鬃毛和冠毛（你沒看錯），腳部覆蓋羽毛，雞冠形狀有如橡樹葉，並有五隻腳趾，沒有特殊毛色。過去烏丹雞被當成蛋雞，後來因肉質柔軟、色澤深，且風味近似雉雞，逐漸飼養做為肉用雞。烏丹雞肥育容易，因此市面上有閹公雞也有母雞。

公雞：2.8至3公斤　**母雞**：2.3至2.5公斤

法費羅雞

1860年左右，為了提供巴黎人雞肉，培育出法費羅雞（Faverolles），1940年代之前一度是全法國分布最廣的品種。法費羅雞是烏丹雞和數個不同品種雜交而成，有五根腳趾、鬍鬚和鬢毛（非常19世紀末的風格）。此雞種威嚴挺拔，帶幾分貓頭鷹的神韻是其特色。肉質細嫩，品質極佳，閹公雞和母雞都非常美味。

公雞：3.5至4公斤　**母雞**：2.8至3.5公斤

艾斯岱雞

艾斯岱雞（Estaire）是數個法國北部品種與狼山雞的雜交，過去稱為「布列斯小母雞」（poulette de Bresse）和「勒芒閹公雞」（chapon du Mans）。艾斯岱的市場可買到此雞種，里爾的餐飲業者會到這購買優質雞肉。艾斯岱雞並不普遍，不過適應力強且早熟，肥育容易，肉質潔白細緻，和布列斯－高盧雞、烏丹雞與法費羅雞不分軒輊！

公雞：3.5至4.5公斤　**母雞**：2.5至3.5公斤

蒙特雞

蒙特雞（Mantes）於19世紀末以母烏丹雞和公婆羅門雞（Brahma）雜交培育而成，50年前幾乎絕跡，後來透過多個優質品種雜交才復育，分別是烏丹雞、法費羅雞、拉佛列什雞、布列斯雞、瑪宏雞（Marans）及古爾奈雞，真正「系出名門」！蒙特雞毛色為黑底白斑，隨著年齡增長，有時會完全轉白，同樣有鬍鬚和鬢毛。此雞種相當罕見，肉質雪白鮮美。

公雞：2.5至3.5公斤　**母雞**：2至2.5公斤

克雷夫克雞

克雷夫克雞（Crèvecœur）源自波蘭，歷史可追溯至14世紀；15世紀左右進口至諾曼地，19世紀末時曾被視為最出色的雞種，不過也一度差點絕種。克雷夫克雞無疑是最美麗和最優雅的雞種：黑羽毛帶綠色光澤，具鬢毛與冠毛，雞冠形狀如角；也有其他毛色，如杜鵑鳥般的條紋羽毛、白色和藍色。此雞種以細緻美味的肉質著稱。

公雞：3至3.5公斤　**母雞**：2.5至3公斤

最佳肉雞品種

勒梅勒侯雞

勒梅勒侯雞（Le Merlerault）是古老品種，與拉佛列什雞和克雷夫克雞有血緣關係，擁有共同特徵：黑色羽毛、冠毛、角狀雞冠等。20世紀時此雞種絕跡，後來飼育者發現，飼養克雷夫克雞也能養出勒梅勒侯雞，才因此重新復育。整體而言，此品種就是沒有鬍鬚狀羽毛和鬢毛的克雷夫克雞，好動勇猛，需要足夠的活動空間，肉質美味。

公雞：3至3.5公斤　**母雞**：2.5至3公斤

古爾奈雞

古爾奈雞（Gournay）又稱為「諾曼地布列斯雞」，當然是諾曼地品種啦！此雞種毫無疑問來自婆羅門雞和烏丹雞的雜交，羽毛是黑底白斑，有點像雷恩杜鵑雞，但少了一點優雅。古爾奈雞體型較小，非常好動，能輕鬆爬上樹。肉質潔白富油花，鮮美可口。容易肥育，年末節慶時期可買到閹公雞或肥母雞。

公雞：2.5至2.8公斤　**母雞**：2至2.3公斤

尚澤雞

又一個差點在二戰後絕跡的雞種！少數飼育者透過多個品種雜交，包括布列斯－高盧雞和杜蘭傑令雞，成功復育尚澤雞（Janzé）。此雞種外型優美勻稱，活動力十足，體型中等，以出色肉質和厚實雞胸著稱。但是注意了！紅標「尚澤雞」（poulet de Janzé）是工業化飼養品種，和真正的尚澤雞完全不一樣。

公雞：2至2.7公斤　**母雞**：1.9至2.2公斤

佛雷茲裸頸雞

佛雷茲裸頸雞（cou nu du Forez）是較近期的品種，頸部光禿呈鮮紅色，與一小圈白色頸毛形成鮮明對比。此品種適應力強，成長快速，是極少數非常耐熱的雞種。佛雷茲裸頸雞的獨特之處在於，將一公一母的裸頸雞配種，只有一半機率會生出僅有一小圈頸毛的後代，其他不是頸部如一般雞種長滿羽毛，就是完全沒有羽毛。老實說，牠們雖然長相奇特，但是雞肉品質絕佳。

公雞：3至3.5公斤　**母雞**：2.3至2.8公斤

雞的小歷史

你錯了，雞並不是一直都是家禽，而是經過漫長的演化之路才來到我們身邊，成為桌上佳餚。而且不久之前，許多同類還差點絕種呢……

歐洲雞　　　　亞洲雞　　　新式歐洲雞

在法國，戰間期是養殖優質雞種的黃金時代。

但是二次大戰後養殖轉為工業化，法國引進生長快速、利潤較高的集約品種。

意想不到的世界旅人

過去亞洲的雞是野生的，住在樹上，為樹棲動物。雞是最早被人類馴化飼養的動物，歷史超過8,000年。雞一路從波斯、希臘，約3,000年前抵達歐洲成為家禽。

現代雞

19世紀中葉，歐洲引進體型巨大的亞洲雞用來改良品種。鏘鏘鏘！某些雞種的標準於焉而生。

19世紀末確立明確標準，雞成為「品種雞」，不再只是養在堆肥旁的家禽。

許多雞種幾乎因此絕跡，如巴貝濟雞、雷恩杜鵑雞、杜蘭傑令雞、尚澤雞、勒芒雞、勒梅勒侯雞等等。

1980年代，人們再度對這些古老品種感興趣，在愛好優質雞肉的消費者支持下，執著的飼育者們終於復育成功。如今一切順利，當初差一點就要成千古恨了呢！

公雞之國

「高盧」（Gaule）一詞源自拉丁文的「gallus gallus」，意即「公雞」。羅馬人叫我們「高盧人」（Gaulois），因為我們飼養許多雞，現在公雞則是法國的象徵。

其他家禽

除了大家熟悉的雞，市面上還有其他常見禽類，打獵季和年末節慶之外也能買到。

珠雞

珠雞（pintade）生性膽小，原產於非洲，在當地仍常自由放養。其肉帶少許腥羶味，容易乾柴。最常見的是盔珠雞（pintade commune），不過也有其他美味的品種。最好選擇不超過2個月大的小珠雞（pintadeau），肉質較軟嫩香氣足。建議小火慢燉，避免烘烤。

珠雞：1.2至1.4公斤　**小珠雞**：800公克

鴨

源自於野生綠頭鴨的紅面鴨（canard de Barbarie）、盧昂鴨（canard de Rouen）及夏朗鴨（canard de Challans）最有名。騾鴨（le Mulard）是盧昂母鴨和公北京鴨或公紅面番鴨雜交的品種，專門用於填鴨。只有公鴨肝才能以「肥肝」之名販售，其餘部位則切成肥鴨胸和製作油封料理；小母鴨的肉質較公鴨細緻。烹煮至粉紅熟度（三～五分熟）以保留風味。

鴨：1.6至3.5公斤　**騾鴨**：可達7公斤

鵪鶉

歐洲鵪鶉（caille des blés）是法國常見的野生品種；「日本鵪鶉」（caille du Japon）則是養殖品種，風味較濃郁。鵪鶉簡單烘烤即可，經常用肥肉片包起保持胸肉濕潤。不可縱剖攤開成「蟾蜍狀」（crapaudine）料理，以免胸肉過乾。

鵪鶉：150至250公克

養殖肉鴿

養殖肉鴿的羽毛通常是白色，為美國品種，如德州鴿（Texan）、赫貝鴿（Hubbel）及國王鴿（King）；也有法國品種，如卡爾諾鴿（Carneau）。乳鴿肉質遠比成鴿軟嫩可口。

肉鴿：400至500公克

雉雞

雉雞起源於亞洲，很久以前就適應歐洲氣候，在此落地生根。雉雞通常為人工飼養，狩獵時放出，以環頸雉（faisan commun）最常見。選購野生雉雞較佳，滋味較濃郁，肉幾乎為紅色。母雉雞風味比公雉雞細緻，不過體型較小。

母雉雞：900公克 公雉雞：1.4公斤

母鵝／公鵝

母鵝（oie）肉遠比公鵝（jars）柔滑肥嫩，可別搞混了。諾曼地鵝（oie de Normandie）無疑是最細嫩美味的品種；波本白鵝（Blanche du Bourbonnais）、土魯茲鵝（oie de Toulouse）及朗德灰鵝（Grise des Landes）肉質肥美、容易養出優質肥肝，也是上選品種。不過鵝肉烹調時會流失許多重量，必須注意。

母鵝：4.5公斤

火雞

火雞來自墨西哥（從前稱為西印度群島），因此起初叫做印度雞（coqoupoule d'Inde），後來只保留「d'Inde」，最後變成火雞（dinde）。一如許多家禽家畜，母火雞比公火雞（dindon）好吃，後者分切後販售。索羅涅黑火雞（Noire de Sologne）與亞登紅火雞（Rouge des Ardennes）是最美味的品種。適合低溫烘烤。

母火雞：3至5公斤

家兔

兔子在這裡做什麼？牠們是齧齒類而不是鳥類啊！我知道很奇怪，不過在市場上的確歸類在家禽，所以我們也依循此分類。布根地褐兔（Fauve de Bourgogne）肉質緊實，因此備受喜愛；全黑的阿拉斯加兔（Alaska）則肉質細緻。另外，還有體重超過3公斤的巨型蝴蝶兔（Géant Papillon français），肉質細嫩。

家兔：2至3公斤

鴕鳥／鴯鶓

近年來，市面上常能見到鴕鳥肉和鴯鶓肉。鴯鶓來自澳洲，現在法國也有養殖。兩者肉質相似：肉色深紅且非常軟嫩，風味接近牛肉，不過滋味稍微淡一些。當然啦，不可能買到整隻鴕鳥或鴯鶓，只有販賣綑綁好的整塊烤肉捲、肉排、肉凍等。

鴕鳥：約100公斤 鴯鶓：40公斤

雞的家族稱謂

細漢偷拿蛋，大漢偷啥雞

小雞
剛破殼而出的小雞
（poussin）全身
無毛，或是只有一
層薄薄絨毛。

 春雞
此時性別公母都不重要。春雞
（coquelet）體重約600公克，
吃種子。肉質軟嫩但容易變柴。

繼續長大，成年後就是……
成雞（poulet）

如果是古老品種雞，
需要更多時間才會長至成年，意
即約300天。體重2至3公斤，雞
肉滋味取決於品種，不過我敢保
證這些雞好吃到讓你抓狂！

如果是養殖場的雞，
82天就可以吃了。雞肉平淡無
味，有時還會注射水分增加重
量。噁……

隨著雞隻年齡增長，性別變得重要。

如果是母雞 　　　　　　　　　如果是公雞

母雞
（poule）
生過小雞，體重超
過2公斤。
母雞年紀越大肉質
也越結實，不過還
是很適合食用。

處女雞
（poularde）
至少120天大，保持
處女之身的雞。
年紀稍大更美味，
重量介於1.8到2.5公
斤，稱得上非常優質
的雞肉。

公雞
（coq）
「精」力充沛，是
雞舍的主宰。體重
為2.5至4公斤，肉
質結實，需要烹煮
較長時間。

處男雞
（coq vierge）
無法接近任何年輕
漂亮的母雞。體重
為2.5至4公斤，市
面上少見但非常美
味。

閹雞
（chapon）
必須要小心翼翼地去
勢，也沒有雞冠。重
量為2.5至4公斤，脂
肪較多，但卻是最軟
嫩多汁鮮美的雞肉，
是極品中的極品！

食物與肉的品質

我們從沒想過，有些季節的雞肉品質遠高於其他季節，因為雞吃的東西會影響肉質。

雞是雜食性動物，意即牠們什麼都吃，正常情況下啦……食物的品質會大大左右肉的品質。隨著季節變化，雞肉風味也有高低，因此7月分和聖誕節屠宰的雞味道不會相同。雞隻1個月大起就能在草地上輕快踱步；屠宰月齡和熟成時間長短則視品種而定。農場雞必須至少81天大才能屠宰，其他古老品種則可長達300天……

| 小麥 | 玉米 | 黑小麥 | 野豌豆 | 蠶豆 | 鼠婦 | 昆蟲幼蟲 | 馬陸 | 蚯蚓 |

冬季
土壤變硬，幾乎寸草不生，泥土中的生機降至最低。冬季出生的雞也幾乎不在戶外活動。

春季
蚯蚓鑽出地面、使土壤肥沃，幼蟲和昆蟲在重新茂盛生長的青草間忙得不可開交。這些都是最理想的美食，春天的雞在草地上開心啄食，渾身長出飽滿的肉，品質絕佳。

夏季
土壤變得有些乾燥，幼蟲變少，蚯蚓鑽進泥土深處躲避乾旱與熱氣，因此夏季出生的雞食物品質較差，活動量也較低。

秋季
天氣沒這麼熱了，雨水濕潤大地，蚯蚓再度冒出地面，使土壤肥沃，也可見些許幼蟲，昆蟲在潮濕的環境中如魚得水。生於秋季的雞隻歡快地在草地上漫步，享用新鮮食物。

盤中風味：
農場雞：8月、9月、10月美味極了。
古老雞種：11月、12月、1月是上上之選。

盤中風味：
農場雞：11月、12月、1月風味普通。
古老雞種：2月、3月、4月非常好吃。

盤中風味：
農場雞：2月、3月、4月好吃。
古老品種雞：5月、6月、7月美味極了。

盤中風味：
農場雞：5月、6月、7月風味普通。
古老品種雞：8月、9月、10月非常好吃。

雞的解剖學

雞體型雖小，五臟俱全，絕不只是雞胸或雞腿這麼簡單！

雞的外觀構造

老實說，你知道雞有初級和次級飛羽，而且腳部和恐龍一樣長滿鱗片嗎？

這裡有張圖片幫助你認識雞隻了不起的身體構造。

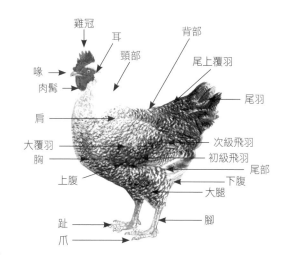

雞冠　耳　頸部　背部　尾上覆羽　喙　肉髯　肩　尾羽　大覆羽　胸　次級飛羽　初級飛羽　尾部　上腹　下腹　大腿　趾　爪　腳

雞都長牙了*

你一定聽過這句俗諺，雞當然沒有牙齒，而是直接吞下肚。不過生命總會自己找出路，雞也找到消化對策：牠們的消化系統是貨真價實的戰爭機器呢！

雞吞下的食物不會儲存在嗉囊，與唾液混合後，進入會分泌胃液的前胃，然後食物抵達砂囊，才真正開始消化。雞進食時會吞下砂礫儲存在砂囊中，這些砂礫可碾磨種子、昆蟲或幼蟲，使器官能夠消化。接著消化完的食物進入大腸，讓身體吸收養分，剩下的成為糞便，從泄殖腔排出。

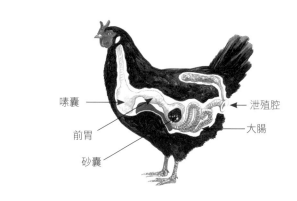

嗉囊　前胃　砂囊　泄殖腔　大腸

雞的部位

雞的切割其實並不像看起來那麼複雜，懂得正確辨認各個部位就夠了。

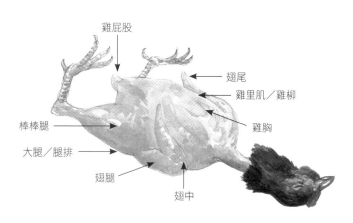

雞屁股　翅尾　雞里肌／雞柳　雞胸　棒棒腿　大腿／腿排　翅腿　翅中

*譯註：法國諺語，表示不可能的事。

雞的處理方式

肉店或禽肉店裡販售的雞各有不同處理方式。

市面上的雞不只有已經切好或烤熟，還有帶頭未清空全雞、帶頭去腸全雞、去頭去腸等。過去市場上賣的雞是完整帶羽毛的；直到不久前，禽肉販在顧客購買時，才取出雞的消化器官，只留下雞心、砂囊與雞肝。不過現在幾乎沒有真正的禽肉販了，肉販購入的雞都是已經清理乾淨的。

全雞：去毛放血，未去除內臟。

去腸全雞：去毛放血，去腸，但保留其他內臟（心、肝、肺、砂囊）。

去內臟和可直接烹煮的全雞：去毛放血，去除大腸、心、肝、肺及砂囊。

雞翅

雞胸肉（又稱清肉）

大腿／腿排

小腿（又稱棒棒腿）

雞切成塊，生熟皆有。

在肉店看到的全雞總是雞胸朝上，背部朝下擺放。不過活生生的雞的胸部其實在下方。

雞肉部位小字典

這些部位的名稱相當簡單，如雞翅、大腿、雞胸……沒有什麼深奧的名詞。不過你聽過雞蠔肉、外套和小姐嗎？

雞里肌（雞柳）

雞里肌（aiguillette）是細長形的小塊肉，藏在左右兩塊雞胸肉和胸骨之間，非常好吃！

雞翅

雞翅（aile）可分為三部分：翅腿、翅中，以及翅尾。單獨料理雞翅時，可在雞皮下填入餡料。

脖子

鴨和鵝的脖子（cou）去骨後可填餡。雞脖子（經常切除）上的細長雞肉非常好吃。

雞屁股

除了脂肪，還是脂肪！雞屁股（croupion）有一票死忠支持者，例如我的岳母香塔。她是南部人，有「一點點」口音，所以我都學南部人叫她「香塔兒」，她直爽有活力，我愛死她了。雞屁股則是她的最愛。她很有禮貌，總會用眼角餘光（多少有點緊張）偷瞄是否有人覬覦她最愛吃的部位。通常我會把雞屁股藏起來，以免其他人看到；然後再把雞屁股沾點醬汁，留給香塔。這個時候她的臉上會浮出大大的微笑，眼睛都笑彎了呢！

雞腿

如同雞翅，雞腿（cuisse）也由數個部位組成，風味和口感皆大不相同。

鴨骨架／鵝骨架

禽類取下外套肉後就剩下骨架。鴨骨架（demoiselle）在法文中稱為「小姐」，鵝骨架（cathédrale）則叫做「大教堂」。

胸肉（清肉）

胸肉（filet，blanc）是家禽的胸部，肉質最清瘦的部位。烹煮時間較其他部位短許多，務必留意。

若是兔子，指的是去除胸肋、脊骨之後，再切掉兩側的胸腹肉，即是胸肉。

翅尾（又稱翅尖）

翅尾（fouet）就是雞翅的末端，又稱翅尖（pointe）。老實說，這個部位不吃也罷。由於幾乎沒有肉，通常會切除。

去骨腿肉

去骨腿肉（gigolette）包含去骨大腿和小腿。
若為兔子，除了腿骨，也會去除胸肋，常做成填鑲料理。

好吃！ ## 脆屑（鴨或鵝）

加熱融化鵝油和鴨油時，煎至金黃的小塊皮和肉就叫做脆屑（gratons）。

好吃！ ## 大腿排

大腿排（haut de cuisse）鮮美可口，是整隻雞最多汁的部位，同時不失嚼勁，是公認的最佳部位。

雞蠔肉

雞蠔肉（huître de poulet）常常被誤認為是「傻瓜才不吃」。此部位外型渾圓，軟嫩多汁，位在靠近背部中央與大腿連接的深處。圖片見88頁。

翅腿

翅腿（manchon，blanquette）是雞翅最靠近身體、最多肉的部分。可沿著骨頭分離雞肉，將肉翻面褪至一端，做成棒棒狀。

好吃！ ## 翅中

翅中（médiane）有兩根長骨頭，絕對是雞翅最好吃的部位。如果能用手拿著啃，就是最簡單的幸福。

外套

外套（paletot，又稱veste或manteau）是整塊不分離地從骨架剔下的禽肉。胸肉、腿和翅膀全由外皮連接，有如外套。

腳

腳（patte）依照不同品種有四趾和五趾，亞洲地區經常食用。在歐洲通常切除此部位。

小腿

小腿（pilon）是禽類腿部下段，肌肉運動量大，因此肉質結實帶粗筋。

軀幹（兔子）

軀幹（râble）是兔子的中央部分，在前腿和後腿之間。可整隻或去骨填餡烘烤，是兔子最高級的部位。

好吃！

傻瓜才不吃

你可以在88頁看到真正的「傻瓜才不吃」（sot-l'y-laisse），和一般認為的位置完全不一樣（faux sot-l'y-laisse，也就是雞蠔肉）。這個部位真的非常小，只有笨蛋才不吃！此部位形狀細長，略帶油脂，美味極了……

連翅雞胸

雞胸連著雞里肌和翅膀切下就是連翅雞胸（suprême）。翅膀的小骨頭能增添許多風味。

鮮為人知的部位

雞翅

同樣位在翅中，雞翅中央有一條細長的小雞肉可口極了，柔嫩多汁，可惜實在太小了……

雞腿

雞大腿與胸椎和肋骨連接處有一塊肌肉，雖短但厚實，軟嫩多汁難以想像。

雞骨架

切下所有部位後，骨架上僅剩些許小肉塊。這些肉塊非常可口，一定要用手抓著享用。

灌食養出肥肝的肥鴨，其胸肉部分叫做肥鴨胸（magret），沒有灌食的鴨子胸肉則是鴨胸（filet）。

真正的「傻瓜才不吃」
和你想的不一樣

你聽過「傻瓜才不吃」嗎？沒有？這可是雞背上最軟嫩的肉。俗話說：「傻瓜不知道這塊肉，才會剩在雞骨架上」，名字就是這麼來的。不過⋯⋯真正的「傻瓜才不吃」和我們以為的並不一樣。且聽我解釋⋯⋯

以訛傳訛的部位⋯⋯

事實上，大家都搞錯「傻瓜才不吃」的位置了，原因很簡單：就因為多年來字典中的解釋是錯誤的⋯⋯

最初的解釋

此部位最早的解釋出於1789年的《法蘭西學院字典》（*Dictionnaire de l'Académie Française*）：「因而稱呼這塊雞屁股上方的細嫩部位為『傻瓜才不吃』。」

現在的解釋

漸漸的，這個解釋演變為今日的定義：

「雞屁股上方、骨架兩邊各有一塊，肉質極細嫩（很不顯眼，外行人容易忽略錯過）。」

其他定義比較接近雞屁股的「傻瓜才不吃」，不過還是圍繞著背部打轉。

雞骨架上這兩大塊肉渾圓顯眼，很難想像有人會忽略，再傻的傻瓜都不會放過。

那麼真正的「傻瓜才不吃」在哪裡呢？

這兩塊肉一定非常小，而且極不顯眼，傻瓜才有可能忽略。那麼雞屁股附近還剩下哪裡是死角呢？就藏在一片脆脆的雞皮下、尾骨凹槽裡，有塊肥嫩美味的肉。

那假的「傻瓜才不吃」叫什麼呢？

這兩塊肉真正的名字叫做「雞蠔肉」，形狀與軟嫩度簡直肉如其名。謬誤釐清後，有些字典立刻更新名詞定義，但只有少數字典跟進⋯⋯

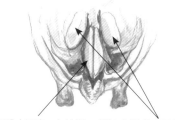

真正的「傻瓜才不吃」在這裡　假的「傻瓜才不吃」在這裡，又叫「雞蠔肉」

肥肝：選鵝還是選鴨？

肥肝就像政治，兩方各有一票絕對不會改變心意的死忠支持者，而且經常勢不兩立……

老祖宗的傳統

西元前45,000年左右，埃及人會在候鳥型的野鵝遷徙前捕捉牠們，因為他們發現一整年中此時的鵝肉最美味。野鵝遷徙前會大量進食，為回程的長途飛行儲備足夠能量。埃及人理解此原理後，也開始灌食鵝。

不一樣的灌食方式

肥肝的品質取決於鴨鵝品種與飼養環境的衛生條件。灌食主要使用玉米，進行10天。

有些養殖業者採取較人道的鴨鵝肥育方式，改為少量多次給予飼料。食慾極佳的鴨鵝們看到飼料便蜂擁而上，自然而然增肥。此方式養出的肥肝脂肪較少，不過人各有好嘛……

肥肝的品種

專門用來灌食或肥育取肝的肥鵝，以朗德灰鵝與土魯茲鵝為主。肥鴨則以騾鴨最受歡迎：這是公紅面番鴨與母盧昂鴨或北京鴨的雜交品種。

差別是什麼呢？

鵝的肥肝比鴨大的多，質地較緊實些，生的時候色澤漂亮粉嫩，煮熟後轉為淡灰色，風味纖細，齒頰留香。

鴨肥肝較柔軟，呈迷人的暖駝色，一入口即浮現濃郁鮮明的風味，烹調時較易流失油脂。

肥肝的品質

市面上的肥肝分為下列幾種品質：

「完整肥肝」（foie gras entier）是整塊肥肝，或由數個肝葉組成。

「肥肝」（foie gras）由數個肥肝塊組成。

「肥肝醬」（bloc de foie gras）是重組肥肝。

和我們常聽說的不同，肥肝並不是「去筋」，因為肝裡沒有筋，一根都沒有！剔除的是血管，所以應該稱為「去血管」，而非去筋……

內臟小字典

人類還不擅長用火，也還不會烹熟肉類的時候，內臟曾是最受喜愛的部位，因為比生肉更柔嫩。現今依舊如此，世界各地的人們仍食用內臟。跟我來認識一下吧！

內臟屬於所謂的「第五部位」，不同於傳統的四部位分切法*。內臟分為兩類：白內臟與紅內臟。白內臟通常經過汆燙（浸入熱水）或已煮熟，因此呈美麗的珍珠白色澤。紅內臟則生鮮販售，僅切去脂肪，不經任何加工。通常小牛內臟最細緻美味。

*編註：將屠體分為肩、背脊、後腿、腹脅部四區。

脊髓 (牛、小牛)
脊椎前端的脊髓（amourette），非常美味。料理方式類似腦髓。

網胃 (牛、小牛)
網胃（bonnet，亦稱蜂巢胃）可讓牛隻反芻食物，胃壁呈蜂巢狀。通常會取一小塊，特別用來製作里昂料理「炸牛肚排」（le tablier de sapeur）。

腸衣 (豬)
腸衣（boyaux）可用來灌製香腸、乾腸、血腸等。

皺胃 (牛、小牛)
皺胃（caillette）是牛胃最後一個部位，胃壁光滑色深。法文名字意為「凝乳胃」，因為其分泌物可使牛乳凝結。年輕反芻動物的皺胃凝乳酶常用於製作乳酪。

腦髓 (牛、小牛、小羊、豬)
小羊腦最美味，不過說實話，所有家畜的腦髓（cervelle）都非常好吃，入口即化。水煮後裹麵糊用奶油煎或炸……

心 (牛、小牛、小羊、豬、家禽)
小羊心（cœur）通常和肝一起販售，稱為「下水」（la fressure）。牛心和豬心口感結實，滋味鮮明。小牛、小羊和雞心則非常細嫩。

豬肚 (豬)
豬肚（l'estomac cochon）主要用來製作內臟包（andouille）和腸包肚（andouillette）。

牛百葉 (牛、小牛)
牛百葉（le feuillet）有許多瓣摺，可碾磨牛隻吃下的食物，因而得名。

肝 (牛、小牛、小羊、豬、家禽)
法國的牛肝在市面上稱為「女牛肝」（foie de génisse）。小牛肝較細嫩，不過小羊、小母牛、家禽或兔子的肝也同樣美味。

小牛腸 (小牛)
小牛腸（fraise de veau）是小牛腸部外膜。市面上販售的小牛腸已煮熟，冷熱食用皆宜，也可裹麵漿油炸。

胗 (禽類)
胗（gésier，即砂囊）是禽類胃部富肌肉的部位，功能是碾磨吞下的食物。做成沙拉非常可口。

油脂 (牛、禽類)
牛油（graisse de bœuf）在比利時經常用來炸薯條，為其增添風味。鵝油或鴨油最適合用來煎馬鈴薯或清炒蘆筍。

雙肥 (牛、小牛)
雙肥（gras double）是牛隻瘤胃最厚的部分，與名字相反，一點也不肥。市面上的雙肥已煮過，可煎可炸可烤，也是米蘭內臟湯（soupe à la milanaise）的食材之一。

橫膈膜外部肉 (牛、小牛、豬)
橫膈膜外部肉（hampe）是連接橫膈膜與肋骨的肌肉，或稱肝連。牛肝連非常美味，小牛肝連比豬肝連細嫩，不過後者也很好吃，可惜市面上罕見。

臉頰 (牛、小牛、小羊、豬)
臉頰（joue）是瘦肉，適合長時間慢燉做成蔬菜牛肉鍋，或製成肉凍。

舌頭 (牛、小牛、小羊、豬)
所有家畜舌頭（langue）中，小牛再度拔得頭籌，是其中最美味的。可生吃也可熟食。

骨髓（牛）

骨髓（moelle）細滑肥美；法文中「moelle」意指「柔軟」。在過去，骨髓經常用來製作蛋糕。

肺（牛、小牛、禽類）

肺部（mou）硬如橡皮，幾乎難以下嚥，不過貓咪很愛吃⋯⋯

鼻吻部（小牛、豬）

一般而言鼻吻部（museau）會連著下巴販售。可完整或切薄片享用。

橫膈膜內部肉（牛、小牛、豬、小羊）

橫膈膜內部肉（onglet）是橫隔膜外部肉下方的兩條小肌肉，由一片富彈性的薄膜相連。牛的橫膈膜內部肉非常美味，不過小牛和豬更勝一籌。

耳朵（豬）

豬耳朵（oreille）水煮後可炙烤，雖然可口，不過較適合軟骨愛好者。

瘤胃（牛、小牛）

瘤胃（la panse）是反芻動物胃部的主要部分，外表略呈槽狀，內壁光滑。也可完整食用，包含網胃、皺胃和牛百葉。

小牛胃（小牛）

小牛胃（lapansette）可用於製作南法牛肚包（pieds、paquets）、南法牛肚羊肉包（tripoux）等料理。

腳（小牛、小羊、豬、禽類）

豬腳燉煮非常可口，有時也炙烤。小牛腳燉煮可熬出黏稠度膠質，或製作膠凍。

尾巴（牛、小牛、豬）

牛尾和小牛尾料理方式相同，適合長時間烹煮。豬尾巴可搭配豬耳朵和豬腳一起料理享用。

胸腺（小牛、小羊）

胸腺（le ris，正式名稱為le thymus）是喉部下方的腺體，分為兩種：心臟胸腺（ris de cœur）最細滑美味；喉部胸腺（ris de gorge）僅用於製作熟肉品。隨著牛羊逐漸成年，兩個胸腺都會消失。我們直話直說吧，胸腺是內臟之王，風味難以匹敵。放進水中（有時使用牛奶）煮熟後嫩煎。

腎臟（牛、小牛、小羊、豬）

母牛、小牛和小羊的腎臟（rognon）軟嫩可口；牛和豬的腎臟較結實，味道較重。

頭肉（牛、小牛、小羊、豬）

頭部（tête）：牛頭通常切塊販售；小牛頭則移除下顎和鼻骨後販售，也可購買完整牛頭，並請肉販代為去骨捲起。豬頭非常適合做成豬頭肉凍（le fromage de tête）。最後則是小羊頭，通常不包含腦髓、舌頭和臉頰，剩下的部位多為骨頭。

胃（牛、小牛、小羊）

胃（tripes）由反芻動物的不同胃部組成。

別懷疑，你沒看錯：肉類介紹過的橫膈膜內、外部肉和臉頰其實都是內臟，在肉店和內臟專賣店都一樣暢銷。

鮮為人知的部位

牛佛（牛、小牛）

牛佛（animelles）其實是公牛或小公牛的睪丸，口感接近胸腺。烹調方式同腎臟，也可切片裹麵粉後油煎。

雞冠（禽類）

現代料理中很少使用雞冠（créte），但在古代牠曾是國王專屬的珍饈。不過老實說沒什麼特別的⋯⋯

乳房（牛）

小母牛或母牛乳房（tétine）在過去是很受歡迎的食材，雖然現代較不流行，不過非常柔軟。

野味

野味可分成兩大類：獸類和鳥類。大部分的野味動物適合1歲前、趁年輕食用。

獸類

法國禁止獵人直接向消費者販售野味，不過可以贈與。最好不要撿拾受傷的獵物，在很多國家這是禁止的。9月至隔年2月的狩獵季節期間，可在優質肉鋪購得。

野味的處理方式較特別：必須盡快取出內臟，置於涼爽通風處後才能冷藏。

上臀、腿和肋排是所有獸類野味最好吃的部位。無論何種動物和部位，熟度都不可超過五分熟（肉呈玫瑰紅）。

狍
狍（chevreuil）住在樹林或森林邊緣，偶爾可在田間看見其蹤影。雖然外型優雅敏捷，但狍實際上是酒鬼：牠們嗜吃歐鼠李（bourdaine），這種植物含有可致幻的生物鹼（alcaloïde）。狍的肉色深紅，風味溫和。
狍：肩高65公分／25公斤

馬鹿
馬鹿是棲息在森林深處的大型動物。每年9月底的發情期間，公馬鹿（cerf）會鳴叫引起雌性（biche）的興趣，並驅趕其他雄性。雌馬鹿就是斑比的媽媽啦，體型較雄性小且纖細許多。馬鹿的肉風味較狍肉強勁。
公馬鹿：肩高140公分／150公斤
母馬鹿：肩高120公分／80公斤

黇鹿

黇鹿（daim）習性有點類似馬鹿，圈養適應性極佳。不過注意，黇鹿肉質軟嫩，但比馬鹿肉瘦，必須快速烹調以免肉質乾柴。肉質風味和同名的DAIM糖果完全不同☺

公黇鹿：肩高90公分／60公斤
母黇鹿：肩高80公分／35公斤

野豬／幼野豬

野豬（sanglier）是非常聰明的動物，會在森林中尋找有數個水源的居住地（野豬善泳），也會大膽在村莊聚落周圍出沒。野豬肉顏色深、肉質瘦（脂肪在肌肉周圍），風味強烈；幼野豬（marcassin）肉則較軟嫩溫和。

公野豬：肩高90公分／170公斤
母野豬：肩高70公分／100公斤
幼野豬：20公分／20公斤

野兔

野兔（lièvre）體型比穴兔大許多，也不會挖掘地穴隧道。6至8個月大的年輕野兔最美味，法文稱為「四分之三」（trois-quarts）。雖然野兔肉被稱為「黑肉」，但其實肉呈深紅色。皇家野兔（le lièvre à la royale）是歷史悠久的經典法國菜，現在又重回潮流。

「四分之三」野兔：30公分／2.5公斤

穴兔

穴兔（lapin de garenne）居住在乾燥地區，尋找地洞並挖掘地道。穴兔與人工養殖的家兔一樣為淺色，不過質地較結實，香氣也較足。

穴兔：肩高20公分／1.5公斤

野味

鳥類

部分鳥類野味為人工養殖，而後放到自然中，雉雞、鷸鴣和某些鴨子皆是。不過絕大多數在被獵殺前都是自由自在的野生動物。

務必在冷藏保存鳥類野味之前去毛和清除內臟，因為羽毛和血液帶有細菌；用乾淨布巾或密封袋包裹野味，以利保存。

鳥類野味可以冷凍，如此一整年隨時都能享用。若冷凍保存，則不必去毛和清除內臟。

雉雞

雉雞（faisan）原產於亞洲，是公認的野味之王，法文中的「faisander」意思就是將野味放置數天，使其熟成產生特殊氣味。聖路易（即路易九世）在文森森林（bois de Vincennes）飼養許多雉雞，之後的國王也在自己的森林中如法炮製。雉雞是多伴侶動物，公雉雞妻妾成群。母雉雞的肉質遠比公雉雞細緻可口，越年輕越好吃。

平均體型：75公分／1公斤

綠頭鴨

綠頭鴨（colvert）是法國最普遍的獵物型鴨子。綠頭鴨品種得名於公鴨頭頸部的祖母綠色羽毛。其肉鮮紅微腥，有時甚至帶一絲苦味，比人工飼養的鴨肉更結實，油脂也較少。

平均體型：60公分／1.4公斤

灰鷸鴣

灰鷸鴣（perdrix grise）棲息在平原、石楠荒原及穀類田野。近來有少數大型飼育場，養出的灰鷸鴣品質不俗。烹煮時須注意不可過熟，因為灰鷸鴣體型小、肉易乾。公鳥（perdreau）的肉質細緻美味。

平均體型：30公分／400公克

網捕是某些候鳥中繼站地區發展出的獵捕方式。

山鷸

山鷸（bécasse）是最有名的高級野味之一，常見於樹林或沼澤地區。肉色深，是備受喜愛的珍品。通常會從鳥喙吊起熟成，直到鳥身分離掉落，約需40天。建議熟度為「略帶血水」。

平均體型：35公分／300公克

歐洲鵪鶉

歐洲鵪鶉（caille des blés）常出沒於田間，不過草原或乾燥地區也是非常理想的棲地，因此也能發現其蹤跡。鵪鶉的性生活不拘形式，從單一伴侶、雙伴侶到多重伴侶皆有。野生鵪鶉遠比常見的養殖鵪鶉鮮美。

平均體型：18公分／100公克

歐亞雲雀

歐亞雲雀（l'alouette des champs）體型和麻雀差不多大，居住在農地、牧場與濕地。料理中叫做「肥雲雀」（mauviette），艾斯考菲就有數道以此為主角的料理。肉色粉嫩，料理方式同圃鵐，不過較常做成肉醬或肉凍。

平均體型：20公分／45公克

圃鵐

圃鵐現已禁止捕獵，料理方式也已成為傳說：網捕後，餵食白小米3週肥育，用亞馬邑白蘭地酒烘烤。食用時讓肉在口中化開，接著連骨頭一起嚼食，一點不剩。

平均體型：17公分／25公克

野味

歐斑鳩

歐斑鳩（la tourterelle des bois）生性膽小，非常難見到，每年春天從非洲飛到歐洲，直到金風驟起。母鳥非常會下蛋（一年可達8窩）。歐斑鳩肉質接近歐鴿，但是不如野鴿（斑尾林鴿）細緻。

平均體型：28公分／150公克

歐鴿與斑尾林鴿

歐鴿（pigeon colombin）和斑尾林鴿（pigeon ramier）又叫做野鴿（palombe），是最常見的野生鴿類。野鴿在法國西南區特別有名，打獵是此區歷史悠久的傳統。肉色鮮紅，肝臟不含膽汁。最常見的料理方式為酒燉烤野鴿或串烤。選擇鳥喙仍稍軟的年輕鴿子為佳。

平均體型：33公分／300公克

花尾榛雞

花尾榛雞（gélinotte des bois）與松雞同科，棲息在丘陵地。花尾榛雞和松雞一樣，會鑽進雪下避寒，進食方式也相同。肉色潔白，是歐洲北部最受喜愛的野味之一。風味如同松雞，帶些許松脂味。

平均體型：40公分／300公克

紅松雞

紅松雞（la grouse）原產於蘇格蘭，當地的石楠嫩芽、黑莓和酸模種子是其不可或缺的食物。紅松雞可熟成數日或更久，美食愛好者獨鍾濃烈的肉味，必須有門路才能取得。

平均體型：55公分／400公克

松雞

松雞（le coq de bruyère，又稱tétras）是山區動物，行蹤隱密怕人，氣溫降至零下時會鑽進雪堆下方，其他季節則隱身林間，啄食種子和野生藍莓等莓果。松雞冬季吃松針，因此肉偶有些許松脂味。

平均體型：60公分／1.2公斤

灰雁

灰雁（oie cendrée）是最常見的野生雁，每年從歐洲北方遷徙至氣候舒適、食物充足的地中海，壽命可達20年。灰雁肉質油脂少，烘烤時溫度最好不要過高。

平均體型：90公分／3.5公斤

歐歌鶇

歐歌鶇（grive musicienne）絕對是鶇類中最美味的，不過禁止販賣。唯一的方式就是親自捕獵，或是有個獵人朋友。歐歌鶇不需去內臟，只要取出砂囊和嗉囊；腸子經烹調後口感綿滑，為整體增添獨特風味。

平均體型：23公分／75公克

烏鶇

「沒有歐歌鶇，就吃烏鶇」（意指聊勝於無），把這句諺語拋到腦後吧，烏鶇（merle）滋味實在不怎麼樣……

平均體型：25公分／100公克

烹調的訣竅與祕密

刀具解密

精良的刀具就像好的燉鍋，可以用一輩子（而且通常也有終生保固）。好刀能讓你切的輕鬆俐落，更能將肉的美味發揮得淋漓盡致。

刀的部位

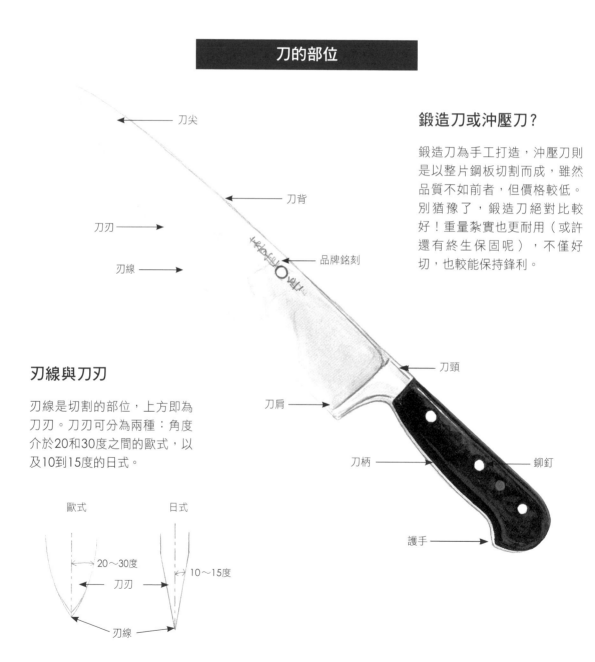

鍛造刀或沖壓刀？

鍛造刀為手工打造，沖壓刀則是以整片鋼板切割而成，雖然品質不如前者，但價格較低。別猶豫了，鍛造刀絕對比較好！重量紮實也更耐用（或許還有終生保固呢），不僅好切，也較能保持鋒利。

刀尖

刀背

刀刃

刃線

品牌銘刻

刀頸

刀肩

刀柄

鉚釘

護手

刃線與刀刃

刃線是切割的部位，上方即為刀刃。刀刃可分為兩種：角度介於20和30度之間的歐式，以及10到15度的日式。

歐式　　　　日式

20～30度

10～15度

刀刃

刃線

必備

主廚刀

主廚刀（couteau de chef）有點像是萬用刀：可將整塊肉切片、肋眼切條、將食材推至刀身搬移及壓蒜。總之，如果你只能買一把刀，那絕對是主廚刀！

主廚刀
刀刃長度12至30公分。

兩款日式主廚刀

日式刀具以品質著稱，鋒利逼人，完全繼承了武士刀的血統，設計也非常精良。牛刀（Gyuto）長長的刀刃略帶彎度，主要用來切肉；三德刀（Santoku）則較萬用。

牛刀

三德刀
刀刃長度16至24公分

切片

片肉刀

片肉刀（tranchelard）非常適合用於羊腿、生熟火腿等大塊肉切薄片。刀身較主廚刀窄，刀刃較長，因此切割更精準。

片肉刀
刀刃長度18至30公分

日式片肉刀

通用刀（Chutoh）也是日本刀，結合牛刀和三德刀的優點，又長又薄的刀身很適合切肉。通用刀的刀身比片肉刀短，也可用來處理和修整生肉。

通用刀
刀刃長度16至20公分

肉販用刀

去骨刀

去骨刀除了方便去骨，也非常適合去筋和切除脂肪。小巧但刀刃硬度極高，是肉販處理棘手部位時最愛用的刀具。

去骨刀
刀刃長度12至18公分

什麼都適合的刀款

萬用刀

萬用刀一如主廚刀，肉品以外的所有廚房工作都不能沒有它。畢竟你還得準備其他食材，用來搭配肉鋪買回來的肉品吧。

萬用刀
刀刃長度10至16公分

意外好用的工具

雞骨剪

面對整隻禽鳥、棘手的肉，或要剪斷細骨頭時，雞骨剪（coupe-volaille）超級實用。

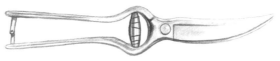

雞骨剪
全長22至26公分

主廚刀vs麵包刀

刀子的功能當然就是切東西，不過切割方式卻會大大影響肉的風味、質地與口感。請看以下評比！

主廚刀

料理中最常用的刀具，只要夠鋒利就能切出俐落直線。肉的兩側光滑平整，沒有絲毫凹凸，熱交換面積*最小。

麵包刀

此處的狀況完全不同。刀刃的鋸齒會稍微「拉扯」肉的纖維，因此切面非常不規則。肉的兩側凹凸不平，熱交換面積最大。

*編註：la surface d'échange，實際被加熱的面積。

刀刃的形狀會大大影響熱交換面積的大小。麵包刀切出的熱交換面積較大，也較不規則。

結論

軟嫩的烤肉就不用說了，主廚刀絕對最適合。不過長時間烹煮（燜燉、煮）、較硬的肉，或是帶醬汁的料理，使用長鋸齒刀（或麵包刀）效果更好。

那麼，烹調時有何差別？

平底鍋煎：麵包刀勝！

平底鍋油煎時，麵包刀切出的肉表面積較大，因此上色效果更好，風味更佳。

網格煎烤盤：主廚刀勝！

使用網格煎烤盤時，情況就不同了。主廚刀切出的平整表面可讓肉片和烤盤之間的接觸面最大化，上色效果更佳，更好吃。

煮：麵包刀勝！

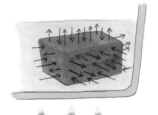

表面積不僅可讓肉釋放更多風味到湯汁或燉汁，同樣的，肉也能捕捉更多風味。

搭配醬汁的肉：麵包刀勝！

麵包刀的切面粗糙，可在表面形成更多凹凸吸附醬汁。比起主廚刀切出的肉，每一口都能吃到更多醬汁。

大塊烤肉：麵包刀勝！

麵包刀可在切面創造更多孔隙，肉汁得以停留其中。比起平整的表面，澆淋肉汁時，不規則的表面更能夠抓住肉汁，因此風味更濃郁。

切割與嚼感：視料理方式與部位而定

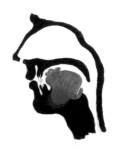

俐落的切割絕對能使軟嫩的肉更易嚼，因為確實切斷的纖維更容易嚼食。但是經過長時間燉煮，即使硬實的部位也會變得柔軟易嚼，因此差異不大。

工欲善其事，必先利其器

看完各種刀款，現在讓我們來認識刀的材質，以及如何選擇砧板吧！

各種材質

不鏽鋼

不鏽鋼不會生鏽，無需費心保養，但是刀刃的鉻含量使其鋒利度不及碳鋼。

碳鋼

刀刃的碳含量越高，硬度越高也越鋒利，不過也越脆弱。碳鋼容易生鏽，較不銹鋼需要保養。

大馬士革鋼

像千層派一樣，逐層混合數種鋼材，就能擁有各種材質的特性。這種方式可以隨心所欲地打造出個人化的刀刃。部分要價數千歐元的極精良廚刀，甚至可高達300層。

陶瓷

陶瓷硬度優於鋼，因此非常適合切割，但是彈性極差易斷，不適合去骨。

鈦金

鈦金刀鋒利程度不下陶瓷刀，但是較有彈性，輕量是最大優點。

鋼材的壽命

鋼材越硬，刀身硬度也越高，因此刀線越細、精準鋒利，但也較脆弱。

鋼材越軟，刀刃切線越不俐落，需要經常磨刀。

鋼材的壽命取決於HRC值（symbole de la dureté Rockwell，洛氏硬度單位）。52是最軟的鋼，硬度最高的鋼材數值可達66。

優質廚刀的保養

好的廚刀不可用洗碗精清洗，而是用完立即快速沖洗，再以柔軟的海綿擦乾。如果沒有刀架，可將刀具置於適合放玻璃杯的容器（如紙盒、有軟襯的盒子等），刀刃平擺，上面不疊放任何東西。

雖然廚刀看起來很堅固，實際上相當脆弱，與其他任何金屬物品撞擊都可能損傷刃線。

無論選擇何種材質的砧板，周圍都要有一圈集水溝槽，承接切割產生的汁液。

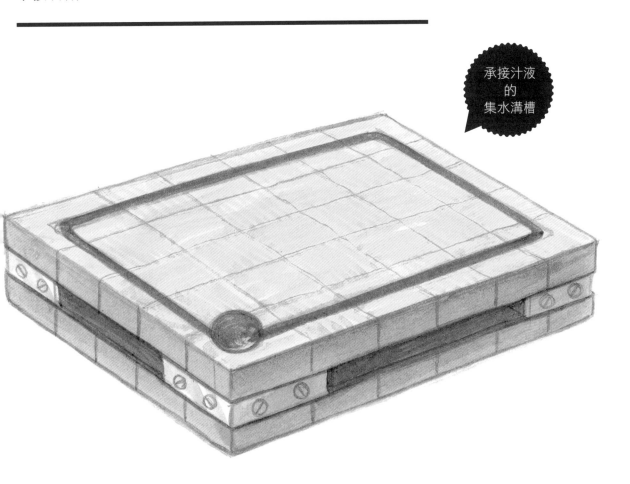

承接汁液
的
集水溝槽

哪一種砧板比較好？

有了一把好廚刀，你該不會想在玻璃和花崗岩砧板上切肉，冒險毀了刃線吧？你需要的是硬度較低的砧板。

木製砧板！

喔，我看到有人舉手說木頭砧板不太衛生。長久以來人們對此深信不疑，現在依舊是老問題。選擇竹製砧板，竹子在衛生、硬度、耐用度、耐濕度及保護刀刃各方面都是最符合要求的材質。當然也可選擇櫸木、橡木材質，鵝耳櫪也非常適合。

什麼鍋配什麼肉

我知道我的岳母大人一點也不講究烹肉的鍋具。不過看在岳母人這麼好的份上,你可以幫我個忙,向她解釋如何選鍋具,好嗎?

平底鍋適合煎牛排

火力大小

這是將牛排煎的金黃可口的首要條件。使用大火將整個平底鍋燒至熱燙,煎出完美牛排。

平底鍋的材質

這點也非常重要,不過不是為了熟度,而是為了產生更多鍋底精華,因為鍋底精華最好吃了。有些材質可產生更多鍋底精華,能讓肉更加美味。

弱	形成鍋底精華的能力		強 →
不沾鍋	**鑄鐵**	**不鏽鋼**	**鐵**
別考慮有不沾塗層的平底鍋了,因為這些鍋子的上色效果極差,產生的鍋底精華極少。	可形成風味,但是需要較多時間聚熱。注意材質的熱慣性*!	不鏽鋼可以形成許多鍋底精華,而且加熱快,是非常適合的材質。	鐵可以形成大量鍋底精華,加熱冷卻都很快。不騙你,絕對是上上之選!

*編註:物質接受與發散熱的速度。

燉鍋適合煮或燜

燉鍋的材質非常重要,甚至是成敗的關鍵,會大大左右料理的品質。製作蔬菜燉肉鍋時,肉放在水(或湯汁)中煮,水會變熱並烹熟肉。材質究竟有何影響?讓我們來比較看看吧。

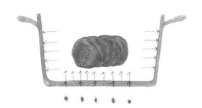

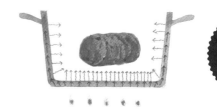

鐵無法確實傳熱至整個燉鍋。燉鍋邊緣的熱源並非來自爐火,而是透過水,而水的熱源是與爐火直接接觸的鍋底。靠近鍋邊的肉烹煮溫度較鍋底低。感覺不妙……

鑄鐵傳熱效果絕佳,能夠聚熱並將熱能傳至各處。爐火的熱度傳至金屬,一直到鍋身邊緣。鍋底和鍋身邊緣都能將水加熱,鍋中溫度一致,因此熟度也均勻。太棒了!

超讚

適合烤箱的材質

此處鍋具的材質也非常重要，選對材質就能加快熟度、將肉的下方烤至金黃，或是以相同速度烹熟肉的上下面。視肉的大小與烹煮所需時間選擇材質。

材質	烹煮速度	優點	缺點
瓷	整體以烤箱溫度穩定地烤熟。	陶瓷聚熱效果好，可穩定放出熱能。最適合需要慢烹的料理。	黑色烤盤聚熱和傳熱能力更強，要多注意。若烤箱低於160℃，鍋底精華將大大減少。
玻璃	肉以烤箱溫度緩緩烹熟，烤的金黃漂亮。肉的下方也能同時烤熟。	由於是透明材質，可讓輻射熱穿過，肉的底部也能輕鬆烤至金黃。	注意烤箱溫度不可過高，否則鍋底精華容易燒焦。
鑄鐵	肉必須和鍋子一樣高。若不一樣高，肉高於鍋子的部分烤熟速度較慢，外表上色時內部尚未全熟；低於鍋子的部分溫度較高，烤熟和上色同步完成。	鑄鐵可吸收並逐漸發散更多熱能，使肉的內部溫度溫和。可產生大量鍋底精華，熟度一致。	**是所有燜燉料理的首選材質！**
鐵和不鏽鋼	高於烤盤的部分以烤箱的溫度慢慢烤熟；低於烤盤的部分溫度較上方高，因為鐵和不鏽鋼會劇烈地聚熱和傳熱。	最適合烹調時間極短的料理。肉和金屬接觸的部分烤色金黃漂亮，比上方更快熟。鐵或不鏽鋼也能生成大量鍋底精華。	避免需要長時間烹煮的料理，因為肉的上下熟度並不一致。
陶	陶製烤盤通常進烤箱前會先浸水。水分受熱蒸發，創造潮濕的環境。	肉在濕度極高的環境中緩緩加熱，可保持鮮嫩多汁。還有極美味的肉汁	小小不便：肉無法烤至金黃上色。

鍋具的大小

這個問題超級重要，鍋具太大或太小，將會大大降低肉的品質，還會減少原本能產生的鍋底精華。

用大平底鍋煎

如果平底鍋尺寸比肉塊大許多，可使表面更酥脆、產生更多鍋底精華。

切記：油一定要淋在肉上，而不是直接倒進平底鍋！

大平底鍋

肉只佔平底鍋一小塊面積，因此鍋身可維持高溫。肉的周圍有足夠空間，使肉汁流至鍋面蒸發，形成許多鍋底精華。由於肉汁蒸發快，肉便能以平底鍋的熱度200℃左右烹熟，表面上色效果極佳。

小平底鍋

肉佔滿鍋底，使平底鍋溫度降低，肉的周圍也沒有足夠空間，流出的肉汁無法蒸發形成鍋底精華。肉汁無法蒸散積在鍋底，使肉塊被自己的汁液煮熟。

用小燉鍋煮

肉的周圍不可有太多空間，且液體必須淹過肉塊，才是恰到好處的肉／湯比例。

如果水分在烹煮過程中蒸發，可補充少許水。

小燉鍋

肉的鮮味流入湯汁，不過由於湯汁分量不大，湯汁濃度很快就會飽和，以免肉汁流失過多滋味。肉的汁液精華溶在少量水分中，因此湯汁鮮美可口。既能保留肉的美味，湯汁也充滿鮮味，兩者比例恰到好處。

大燉鍋

肉的鮮味流入湯汁，在湯汁尚未充滿風味之前，肉已經乾柴無味。肉的汁液精華被過多水分稀釋，因此湯汁也會淡而無味。

使用比肉稍大一些的鍋子，可使熟度更均勻，湯底和醬汁的風味更濃郁。

小燉鍋

需要加熱的總體積小，小火就足以煮出軟嫩多汁的肉。水分少，因此肉釋出的汁液精華不會被過度稀釋，使醬汁湯底風味十足。肉質軟嫩多汁，湯汁濃郁可口。

大燉鍋

需加熱的總體積大，必須使用更強的火力，因而容易燒焦醬汁與蔬菜（使料理產生不好的味道）。水分較多，肉汁因此被稀釋，淡而無味，需要收汁。

超基本，務必牢記： 將未拆封的肉放進鍋中確認尺寸，如此就不會搞錯鍋具大小了。

肉的周圍必須保留些許空間（但不可過多），熟度才會均勻，形成美味鍋底精華與風味十足的肉汁。

小烤盤

肉和烤盤之間的空間使肉汁稍微蒸發，形成大量鍋底精華。香料蔬菜慢火烤熟，上方的肉會流出肉汁，可保護香料蔬菜，使其不會直接承受烤箱熱度，因此既能生成許多鍋底精華也不會燒焦。料理表面與底部皆受熱均勻，出爐的肉熟度一致，有大量鍋底精華和美味肉汁。

大烤盤

如果肉和烤盤之間的空間太多，肉汁會蒸散過快。香料蔬菜沒有肉汁的保護，烤箱的溫度對蔬菜來說過於強烈，因此一下子就烤焦了。肉的底部吸收烤焦的蔬菜味，油脂也會噴滿烤箱內部。

溫度和廚用溫度計

想要五分熟的肉,結果變成七分熟,真是令人火大!你需要幾支專用溫度計,從此就不會再搞砸熟度。

所謂的「硬」肉

含大量膠原蛋白的肉稱為「硬」肉,例如用於蔬菜牛肉鍋或白醬燉牛肉的肉,都屬此類。必須使用68℃以上的溫度烹煮使膠原蛋白融化,肉才會變得柔軟。

事實上,肉在加熱過程中會流失水分,這點相當有意思。膠原蛋白也會融化變成膠質。然後,鏘鏘鏘!要開始變魔術了!膠質有如吸墨紙,重新吸收水分。

因此大致上來說,烹煮蔬菜牛肉鍋的時候,肉會先變乾,接著再度吸收流失的水分,最後變的軟嫩多汁。

肉流失水分,變乾;膠原蛋白融化。

融化的同時,膠原蛋白轉變成膠質。

膠質吸收肉流失的水分。完成的肉柔軟多汁。

嫩肉……必須保持嫩度

至於嫩肉,如果同樣的溫度可以烹煮出五分熟或七分熟,那就容易多了。不過大自然總是讓事情更複雜。

若希望肉保持軟嫩多汁,必須使部分蛋白質改變,但另一部分不可改變,否則肉就會硬得像鞋底。

簡而言之,肌球蛋白(myosine)必須變性(除了牛肉),但是肌動蛋白(actine)不可變質。不同的動物,兩種蛋白質的變性溫度也不盡相同。是不是讓人頭昏腦脹啊?

有圖表更清楚

以下是各種肉類的溫度和熟度重點對照表
圖表為「中心溫度」,意即肉塊中央的溫度。

■ 肌球蛋白變性溫度範圍

■ 肌動蛋白變性溫度範圍

□ 不同動物的變性溫度範圍

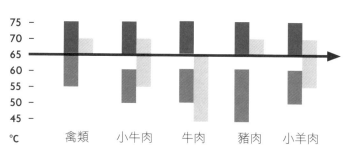

絕對不乾柴的烹肉溫度

	三分熟	五分熟	七分熟	全熟	極熟
禽類	-	-	65 ℃	70 ℃	75-80 ℃
野味	45 ℃	50 ℃	60 ℃	70 ℃	75-80 ℃
小牛肉	-	55 ℃	62 ℃	70 ℃	75-80 ℃
牛肉	45 ℃	50 ℃	55 ℃	65 ℃	70-80 ℃
豬肉	-	-	65 ℃	70 ℃	70-80 ℃
小羊肉	55 ℃	60 ℃	65 ℃	70 ℃	-

備註：如果食用前尚有時間靜置，所有肉類可降低3℃，因為離火後，肉的溫度仍會繼續升高。

實用的溫度計

探針溫度計

可判讀肉的內部溫度，而且無須打開烤箱，還能在達到預設溫度時響起提醒。對各種水煮料理也非常實用。

探針溫度計的售價至少台幣好幾百元。如果為了省錢而沒買這款溫度計，只要一次烤肉烤過頭，損失的就不只這幾百元了！

烤箱溫度計

烤箱的溫控系統顯示的溫度很少是精確的，因為其溫度計位在烤箱內壁，而非放肉的烤箱中央。真實溫度與顯示溫度的溫差可達正負20℃。烤箱溫度計這款小配件能確認溫控系統的精確度，並視需要校正溫度。

紅外線測溫槍

這款溫度計並非刺進肉裡，而是測量外部的溫度。非常適合在放上肉前或熱油時測量平底鍋或烤架的溫度。

量溫度時可不是隨便戳進肉就好！必須測量肉塊中央的溫度，也就是厚度和寬度的正中心。

非常好
100分
模範生！

雖然刺進厚度中央，卻不在寬度中央。快拿出幾何課本複習一下。

有些骨頭利於導熱，有些則完全不利導熱。無論是否帶骨，探針都要刺進肉的正中心。

如何正確使用鹽？

鹽和肉的關係說來話長。有人認為：「下鍋前加鹽」，有人則說「千萬別在下鍋前加鹽」，各持己見。既然我們閒著沒事，不妨就以科學方式瞧瞧，究竟何時該在肉上撒鹽吧！

不!不!不!

鹽會進入肉裡嗎？

這才是我們真正該問的問題。話說諸位讀者，你們曾經思考過這個問題嗎？一定沒有。顯然大家想都沒想過。

我知道大家都認為，如果在肉上撒鹽，肉就會入味。其實不然……讓我們直話直說吧：烹調時，鹽的滲透力非常小，微乎其微，少的可憐！沒錯，少、的、可、憐……

如果我執意在烹調前撒鹽，會發生什麼事？

地心引力

你應該知道地心引力吧？這項法則也適用撒在肉上的鹽：烹煮過程中鹽會掉落。會掉落多少鹽？這是宇宙的至高奧祕，無人知曉。整體而言，你根本不會知道料理完成時，肉上還剩多少鹽。這是第一個問題……

油脂，唉呀……

你一定知道鹽會溶於水，但不溶於油。如果用植物油或奶油煎肉上色，油脂會包住部分鹽粒，有礙鹽粒和肉中的水分接觸，鹽因此無法溶解。這也是一個問題……

排出

烹調過程中，肉的外表會收縮變乾，排出其中部分汁液。若使用煎烤盤或平底鍋，此作用會非常猛烈：水蒸氣蒸散的壓力大到能夠彈開鹽粒。在烤箱中較不劇烈，但是情況相去不遠。事先撒在肉上的鹽，一部分又是白撒了。損失的分量呢？依舊無法衡量，玄妙不可知。又是一個問題……

那加入湯汁呢？

這就不一樣了。如果湯汁先放鹽再加入肉，鹽會抑制肉釋放汁液精華到湯汁中，因此肉較鮮美。同理適用於燜燒料理，可在肉的周圍撒鹽。不過鹽並不會真的進入肉裡。

結論

抱歉啦！肉在下鍋前撒鹽毫無意義。

鹽滲透的速度

鹽滲透1公分,沒錯,僅僅1公分,需要這些時間:

這是1公分,相當淺
呢……

5至10分鐘
這是鹽滲入肉之前溶化所需
的時間……

5小時
去皮雞腿、豬肋排或羔羊
排……

10小時
牛肋排,肋眼……

15小時
側腹牛排、整塊烤牛肉、羊
腿……

鹽滲入肉之前,還必須先溶化。
而鹽溶化所需的時間比煎一塊牛排還長!

鹽的是非題

鹽會使肉流失肉汁嗎? 正確

會!這是真的,已經過科學證明。不過還
是取決於肉的種類與部位:禽類和豬肉
較快流失水分,小牛肉或牛肉則慢許多。
但是整體來說都需要非常長的時間。

鹽可以強化風味嗎? 錯誤

這是常見的觀點,然而錯的徹底。鹽並
不能增加風味,而是改變風味。許多情
況下,鹽可以降低料理的酸味或苦味,
效果遠超過糖,例如加入番茄醬汁、撒
在葡萄柚或苦苣上。

肉會被自己的汁液煮熟? 錯誤

這也是常常聽到的謬誤:「我不要在肉上
撒鹽,否則肉會出水,變成水煮肉了。」這
和鹽一點關係也沒有,問題在於平底鍋
不夠熱,肉汁無法變成水蒸氣而困在肉
的下方,當然就會變成水煮肉啦。因此
這和鹽毫無關係,純粹是平底鍋不夠熱
或不夠大……

如何正確使用鹽？

善用鹽的優點

烹調時，肉中的蛋白質會扭曲並擠出水分。

若希望肉的汁液豐沛，就要盡量避免這難搞的蛋白質變形。有個東西非常可靠有效，那就是——鹽！

當鹽分深入肉裡，就會改變這些蛋白質的結構。蛋白質被鹽破壞後，就能大大降低扭轉程度，當然也能大大降低流失的肉汁囉。

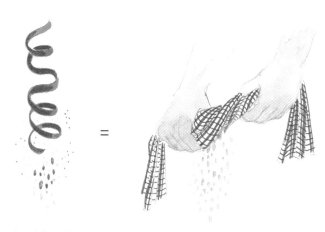

=

烹調時扭曲的蛋白質　　　　　扭轉擰乾水分的布

扭轉濕布時，就會擰出其中的水分。蛋白質也一樣，受熱時會扭轉，排出肉所含的水分。

獨家頭條！前所未見的
肉類撒鹽時機……超厲害！

烹調前、中、後，何時該撒鹽？祕密在這裡

選一塊秀色可餐的好肉。以下解釋可幫助你了解各種撒鹽的時機與效果：

	3週前	2天前	4至5小時前
	還不錯 表面變乾形成保護層，降低內部腐敗的機率，靜靜熟成。	**超讚！** 鹽會滲透整塊肉，使表面略微變乾。肉在烹調時更能保留肉汁，形成漂亮脆皮。	**極佳** 鹽慢慢滲入肉，外表略略變乾。肉汁更豐盈，也更快上色形成香脆外皮。

肉撒鹽放置長時間後再烹調。這是少數星級主廚不願分享的祕密……

烹調前撒鹽

烹調前是指提早許多時間,非常早,最多可提前2天。

我知道聽起來很扯,你要說鹽會讓肉出水對吧?的確,但是接下來肉會重新吸收這些水分,煮熟後更柔軟,肉汁更加豐沛。

千萬別犯這些錯誤

如果在撒鹽之前即在肉上抹油,油會形成薄膜,阻礙鹽粒和肉的水分接觸。鹽因此難以溶解,大部分都留在鍋子裡,多可惜啊……

烹調後撒鹽

這部分也很有意思,因為可清楚拿捏鹽的分量。有兩種做法,一是靜置前撒鹽,二是靜置後撒鹽。

靜置前:一大部分的鹽會溶解,肉的表面均勻佈滿鹽分。

靜置後:鹽不會溶解,入口時細細的鹽粒在齒間迸裂刺激味蕾。超讚!

很正點吧?

1小時前	烹調前	烹調中	烹調後
不錯	**毫無意義**	**毫無意義**	**也不錯**
鹽會緩慢溶解,淺淺地滲入肉。鹽分滲入的部分更多汁,不過也僅止於此部分。	鹽沒有足夠時間溶解和滲入肉裡,一大部分會掉落或被蒸氣彈開。是最糟糕的選擇。	鹽沒有時間吸收水分或溶解,因此無法附著在肉上,絕大部分都掉在鍋子裡了。	可以精準拿捏鹽的分量。而且還可保留清脆顆粒感,刺激味蕾,也還不錯。

形形色色的鹽

忘掉滿街都是的精鹽吧，味道毫無特色，一點個性也沒有。世界上還有許許多多鹽，質地各異，風味令人驚豔。大膽依照其優點和食譜特色選用不同的鹽吧！

所有的食鹽主要成分皆為氯化鈉。也正是氯化鈉讓鹽不一樣，並形成結晶。下面是你一定要試試的鹽。保存方式當然是放在陰涼乾燥處啦。

細海鹽

細海鹽取自鹽田，普遍度僅次於精鹽。風味較精鹽豐富，因此常用來為烹調水調味（煮麵、煮飯等等）。選擇非精製海鹽（略帶灰色），享受天然礦物鹽的特色。

粗海鹽

同細海鹽，不過……顆粒粗。通常色澤淺灰，這是由於鹽粒沉至鹽田底、染上些許黏土顏色所致。略帶澀味，不過非常適合加入水中，為英式水煮（放入滾水煮熟）蔬菜調味。

鹽之花

鹽之花結晶細緻，是鹽田水面上輕盈的鹽層，被風吹拂至鹽田邊緣堆積成厚片後才收成，風味依不同產區而變化。烹調後再加入料理，可享受鹽粒的迸脆口感。

猶太鹽

猶太細鹽是淨化鹽（未精製），帶淡淡灰色，顆粒粗大。猶太鹽在歐洲鮮為人知，但是在美國極為普遍，非常美味，特性是不易溶解，因此有美食愛好者追求的清脆咬感。烹調後使用最理想。

喜馬拉雅粉紅鹽

注意，喜馬拉雅粉紅鹽並非來自喜馬拉雅山，而是巴基斯坦東北部的喜馬拉雅地區，粉紅色澤來自成分中的豐富鐵質。屬於鹽岩，非精製，滋味纖細溫和（不含碘），咬感清脆，還有一絲酸味。適合裝盤後撒上，以充分發揮優點。

波斯藍鹽

波斯藍鹽原產伊朗（古代波斯），來自全世界最古老的鹽礦之一，數世紀以來皆為手工採收。部分結晶含有鉀石鹽，帶藍色光澤，因此稱為藍鹽。風味鮮明帶辛香料氣息，最適合禽類與肥肝。

夏威夷黑鹽

黑鹽的顏色來自從島上火山滾落至海岸的火山岩。現在則在鹵水中加入少許岩石，形成深濃黑色。黑鹽味道強勁，略帶煙燻味。食用前少量撒在肥肝或白肉上。

夏威夷紅火山鹽

主要產自夏威夷群島的摩洛凱島，曬鹽時加入稱為「alaea」的火山黏土，形成紅褐色澤。不同於其他稀有的鹽，夏威夷紅火山鹽可用於烹調，其烘烤榛果的香氣不易流失逸散。

夏多內煙燻鹽

夏多內煙燻鹽是採收自加州太平洋岸的鹽之花。冷燻後放入釀過夏多內葡萄酒的木桶，無疑是最精緻高級的煙燻鹽，帶桶味，還有樹脂酸香、柑橘氣息，以及煙燻氣味。烹調後使用。

馬爾頓天然海鹽

原產於英國東部的馬爾頓，顏色雪白，製法為煮沸海水直到鹽開始沉澱。結晶呈片狀，淨透輕薄（用手指就能壓碎），質地鬆脆，碘味十足，不易溶解，以上特性使其成為許多大廚的最愛。

哈倫蒙鹽

哈倫蒙（Halen Môn）鹽來自英國威爾斯的安格西島，外觀如雪花般輕盈薄透。製法非常獨特：大西洋海水以煤、貽貝床與海砂逐層過濾，低溫真空加熱後轉入結晶槽形成鹽結晶。

哈倫蒙無煙燻鹽

顏色潔白，質地清脆，光澤隱隱閃動，碘味十足，外觀有如雪花。

哈倫蒙煙燻鹽

以木屑燻製，擁有相同特色，更多了溫和煙燻風味。

鹽的保存方式？
當然是放在陰涼乾燥處啦！

主廚的祕訣

告訴各位艾維‧提斯（Hervé This，理化學家，分子料理發明者）的祕密，皮耶‧加尼葉（Pierre Gagnaire，三星主廚）每天都在用。混合鹽和幾滴橄欖油：油形成薄膜裏住鹽粒，使其不會因接觸肉而溶化，入口時可享受脆粒咬感，刺激味蕾，真是迷死人啦！

如何正確使用胡椒？

許多人將肉放上烤肉架或送進烤箱前會撒上胡椒，真貼心。他們高興就好，但是這麼做真的有意義嗎？

不!不!不!

胡椒風味是否會進入肉裡？

胡椒的問題也和鹽一樣吵個沒完：烹調時胡椒是否會入味？當然不會！完全不會！這樣清楚了嗎？你大可撒滿胡椒，但胡椒絕對不會在烹調時入味。不會、不會、完全不會、零、一點都不會！不、會、入、味！光是鹽就得費上好幾個小時，才滲透0.2、0.3公分，何況胡椒……

當選全球最佳主廚的皮耶·加尼葉說：
「胡椒一定、一定、一定要最後放，才能保留胡椒風味」。

如果我就是要先放胡椒，會發生什麼事？

地心引力

和鹽一樣，必須考慮地心引力法則：撒在肉上的部分胡椒會掉在煎烤盤、平底鍋或鍋底。而且先撒胡椒蠢到不行，理由有二：

其一，你根本不會知道究竟有多少胡椒掉在鍋底、多少還留在肉上。

其二，如果要刮洗鍋底精華製作醬汁，由於不知道當中有多少胡椒，因此難以拿捏調味分量。

會燒焦！

烹調魚、肉或蔬菜時，如果火力過強就會燒焦。熱度過高時，胡椒不僅會燒焦，還會變得又苦又澀。胡椒非常纖細脆弱，溫度不用太高，140℃以上就會燒焦，和可可豆一樣。

那加入湯汁呢？

一樣沒意義。知名大廚艾斯考菲（Escoffier）曾說：「胡椒放入湯汁不可超過8分鐘。」很有道理。胡椒受熱就會釋放香氣到湯汁中，同時開始變澀。因此湯汁完成時再加胡椒。

過去人們在湯裡加胡椒是為了殺菌，完全不是為了增添風味。

結論

比鹽更簡單：由於胡椒不會滲透，溫度過高還會燒焦，在湯汁裡變澀，
因此永遠、永遠、永遠最後放胡椒，絕對不要先放。

胡椒到底是什麼？

胡椒是一種原產於印度西南部的熱帶藤本植物。胡椒農將植株繞在2公尺高的木樁上（在印度經常繞在樹上），做為支架。溫度必須穩定，介於20和30℃之間。長長的藤蔓上長出小串小串的胡椒漿果；綠胡椒、黑胡椒、白胡椒或紅胡椒都是同一種果實，差異僅在果實成熟度。

 → →  →

綠胡椒

胡椒粒一開始是綠色的，剛採收時非常脆弱。市面上常見的綠胡椒為醃漬，偶有冷凍乾燥。風味輕綠鮮爽，略帶辛辣感。

黑胡椒

若讓胡椒成熟，就會從綠色轉為淺黃色。果實採收乾燥後，外皮即轉為黑色。風味較溫暖帶木質調，而且辛辣，擁有複雜香氣。

白胡椒

若讓胡椒繼續成熟，果實就會轉為橘色。浸泡雨水約10天後，乾燥並去除外皮，留下白色的種子。比黑胡椒更芳香，較不辛辣。

紅胡椒

若讓胡椒繼續成熟，果實就會轉為深紅色，乾燥前先浸泡熱水即能固色。這種胡椒不去除外皮。

真正的紅胡椒非常少見，風味溫暖圓潤⋯

形形色色的胡椒

胡椒粉給我扔了！我現在說的可是「魔法」胡椒，鮮香十足卻不辣口，風味圓潤齒頰留香，彷彿令人置身異國……

別再用胡椒粉了，讓它去和灰塵垃圾做伴吧……胡椒粉有如禽類中的集約養殖雞。所以，快丟進垃圾桶吧！準備2或3種胡椒，享用前再研磨。下面是品質絕佳的胡椒小介紹，價格和隨處可見的胡椒粉差不多。這些胡椒有如釀造優質葡萄酒，皆為採收和選粒。

鳥糞白胡椒

在柬埔寨，鳥類會直接從藤蔓啄食最熟美的胡椒粒。胡椒進入鳥的嗉囊後，消化酶反應改變其風味。鳥類消化完果實（外皮）後排出種子，必須手工從地面上撿拾。鳥糞白胡椒（poivre blanc des oiseaux）因此價格高昂。適合搭配白肉。

貢布胡椒（IGP）

貢布胡椒（poivre de Kampot）於2009年獲得IGP（地理保護標示），是第一個受此保護的胡椒。由於紅色高棉優先種植稻米，1975年後貢布胡椒幾乎消失，近20年才漸漸回復產量。此類胡椒種植在臨海處，風味極清爽高雅。

貢布黑胡椒

這種黑胡椒散發花香，略帶甜味，風味強勁溫暖，尾韻綿長。適合紅肉或小羊肉。

貢布白胡椒

帶森林地面的植物氣息（薄荷、由加利），也有烤花生味。搭配白肉和醬汁令人驚艷。

貢布紅胡椒

完全成熟後才採收，風味極溫暖，甜美高雅且辛辣。最適合肉凍、肉沙拉或肥肝。

研磨胡椒也是一門學問！

胡椒的風味與香氣集中在種子，外皮則帶辛辣味。

胡椒研磨越細，辣味越明顯且會蓋過風味；研磨越粗，風味則越鮮明，越能享受豐富香氣。

使用研磨鉢壓碎胡椒粒，或將胡椒研磨器調至最粗，才能讓胡椒充分展現特色。

極細研磨
辛辣感明顯

中等研磨
兼具辛辣與風味

粗粒研磨
可突顯風味

野生胡椒

野生胡椒（poivre sauvage de voatsiperifery）來自馬達加斯加島南部，為野生狀態攀生在大樹頂部，最高可達20公尺，果實外型類蓽澄茄（poivre cubèbe，又稱尾胡椒）。近年才引進歐洲，目前仍非常罕見。可完整或稍微碾碎食用。

野生黑胡椒

帶濃郁的新鮮泥土味，兼有木質調、果香、柑橘香氣，辛度鮮明厚實但不過辣。搭配鴨肉、豬肉及小羊肉最出色。

野生紅胡椒

除了有野生黑胡椒的特色之外，風味更加溫潤。最適合搭配豬肉和小羊肉。

紅長胡椒

許多國家都生產紅長胡椒（poivre long rouge），如印尼、柬埔寨，不過以日本石垣島的品質最優秀。外型成穗狀，有可可、咖啡、奶油與風乾番茄風味。可刨細、碾碎或研磨，非常適合搭配豬肉、小羊肉及禽類。這是唯一一種可以浸泡的胡椒，只有這種！

馬達加斯加黑胡椒

20世紀時，法國人艾彌・布魯東（Émile Prudhomme）將胡椒引進馬達加斯加。馬達加斯加黑胡椒（poivre noir de Madagascar）小小的胡椒顆粒散發布里歐修麵包的香甜、還有松子，甚至可可和香料蛋糕的氣息，綠色水果香氣使整體風味平衡，相當辛辣，很適合搭配紅肉與醃料。

馬拉巴爾胡椒

馬拉巴爾胡椒（poivre de Malabar）原產於印度西南部果亞和科摩林角之間的馬拉巴爾海岸（côte de Malabar）。這種胡椒受惠於1年兩次的季風，發展出纖細悠長的風味，帶麝香、燒焦木頭風味，微微甜味中透出一絲酸度。與白肉和禽類是天作之合。

塔斯馬尼亞胡椒（樹胡椒）

是「原生胡椒」的塔斯馬尼亞胡椒（poivre de Tasmanie），帶有胡椒味的灌木果實，以野生狀態生長在澳洲東南部的塔斯馬尼亞。甫入口風味迷人，接著浮現溫暖香氣，帶月桂、鮮綠核桃及黑色莓果（黑莓、藍莓與黑醋栗）風味。搭配野味、豬肉、小羊肉與白肉皆非常美味。

尼泊爾花椒（樹胡椒）

尼泊爾花椒（poivre de Timut）也是樹胡椒的一種，以野生狀態生長在尼泊爾。散發柑橘香氣（檸檬和葡萄柚），溫和且齒頰留香。注意，花椒會讓舌頭和嘴唇微微發麻！搭配禽類是人間美味，也能加入醬汁增添清爽感。

綠胡椒

如果能買到新鮮綠胡椒當然最好（不過相當少見）。綠胡椒是未成熟即採收的胡椒，市面上多為乾燥冷凍品，帶類似丁香的清爽風味，有一絲辛辣感。可完整使用，或食用前研磨撒在白肉上，也可用於製作大名鼎鼎的胡椒牛排、烤肉或某些醬汁。

再說一次：胡椒不可加熱！

一定要在料理完成裝盤或食用前加入胡椒，如此才能讓胡椒充分展現風味與香氣。

烹調法與奶油？

奶油是牛奶的脂肪，麻煩的是只要溫度過高，奶油就會燒焦。不過還是有許多方法可以讓奶油在肉類料理中展現風味與香氣。讓我們來瞧瞧！

如何製作？

從牛奶中分離出鮮奶油，接著用打蛋器攪打（或使用攪乳桶）。油脂會聚集形成奶油顆粒，濾出後沖淨，混合壓進模具即成奶油。

為什麼會燒焦？

奶油含有水分，只要有水就能隨意加熱，因為溫度很少超過100℃（水的沸點）。但是當水分蒸發後，溫度就會直線上升。

加熱奶油時，起初會產生泡沫，這是由於其中的水分開始改變型態、蒸發。溫度攀升至130℃左右時，酪蛋白和乳糖開始轉為褐色。若繼續加熱，奶油就會燒至完全焦黑（到這地步就直接進垃圾桶！）

解決方法

方法就是去除高於130℃就會燒焦的蛋白質和乳糖。移除蛋白質和乳糖後就是澄清奶油，可加熱至250℃也不會燒焦。煎烤時，可用澄清奶油取代液態油；由於不會燒焦，炸薯條時也能用澄清奶油取代液態油！

澄清奶油的做法

① 以小火融化奶油塊（使用小湯鍋或微波爐），不可攪拌而且千萬不可燒焦。你會發現最上層是泡沫（酪蛋白），中間是黃色液態油，底部則有一層白色物質（乳清）。

② 細網勺內鋪廚房紙巾，輕輕倒入鍋中液體過濾，保留澄清奶油，倒入罐子。放在室溫陰涼處可保存數週。

榛果奶油

奶油在燒焦之前,會轉為漂亮的金褐色,因此稱為「榛果奶油」。除了色澤令人聯想到榛果,風味更是如此。榛果奶油當然有……榛果味。

防止奶油燒焦

前面說過,奶油的水分蒸散後即開始燒焦。大廚們的祕密就是,煎肉上色時加入少許湯汁(或水)。分量千萬不要多,一湯匙就足以防止奶油燒焦。這麼做還有另一個優點,就是能為鍋底精華增添些許湯汁風味。好吃極了!

黑奶油

別害怕,這不是燒焦奶油,而是加入酸類(醋、白醋等)的榛果奶油。搭配腦髓非常美味。

加入液態油的迷思

別相信那些加入液態油防止奶油燒焦的話,因為奶油還是會燒焦!只是液態油稀釋燒焦的顏色,看不出來罷了。

奶油烹調小範例

	烹調最高溫度(℃)	平底鍋	燉鍋	烤箱
普通奶油	100-130℃	中火	中火	最高150℃
澄清奶油	250℃	大火	大火	最高280℃

優質奶油的滋味會依照牛的食物改變,因此具有季節性。春末夏初是奶油最美味的季節,因為牧場長滿茂盛青草與許多小花,賦予奶油豐富風味。

液態油的烹調溫度？

如果你以為液態油都一樣，那就大錯特錯了。有些液態油更容易燒焦，有些則滋味豐富。此外，還有豬油、鴨油或牛油。來瞧瞧有哪些液態油吧。

如何製作？

食用油來自油料作物的種子或果實，視種子特性，榨油前必須烘炒、磨粉等；果實則直接送至壓榨機。兩種油接著都會經過精煉以增加穩定性。

動物油（豬油、鴨油、白牛油）則直接融化脂肪後，淨化去除「雜質」。

為什麼會燒焦？

高於某個溫度，植物油或動物油都會分解變質，熱油開始冒煙，稱為「發煙點」（point de fumée）。

解決方法

和奶油完全不同！沒有其他辦法，別讓油溫超過發煙點。

依照料理方式，選擇適合的植物油或動物油。

為什麼油會噴濺？

其實噴濺的不是油，而是肉的汁液炸開。

肉汁在彈指間從液態轉為氣態，速度太快，因此炸開四處飛濺。

為什麼炸薯條的油會溢出來？

炸薯條時，馬鈴薯的水分會變成蒸氣（浮上油面的小氣泡）。問題來了，水蒸氣的體積幾乎是水的2,000倍。

如果放入大量薯條，就會湧上大量氣泡、體積變得極大，因此炸油溢出油炸機。別一次放太多薯條……

若情況許可，選用風味十足的鴨油或白牛油*（blanc de boeuf）。花生油也不錯；玉米油炸完後較不容易被食物吸收。切記盡可能避免品質不怎麼樣的葵花油。

*編註：純化後的牛脂肪顏色與豬油類似，故稱白牛油。

發煙點

植物油和動物油在某些溫度就會冒煙且開始燒焦，因此不可超過這些溫度。以下是常見動、植物油的發煙點：

豬油
185-205℃

鴨油
190℃

葡萄籽油
200℃

白牛油
205℃

特級初榨橄欖油
210℃

芝麻油
210℃

芥花油
205-240℃

花生油
220℃

玉米油
230℃

葵花油
230℃

為什麼炙烤或烘烤時需要油脂？

肉的表面並非完全平滑，而是有許多微小的凹凸。所有凹凸都均勻受熱才能料理出美味的肉。最好的方法就是在表面塗滿液體，充分填滿凹處，使受熱速度和凸處一致。

液態油或奶油的另一個優點，就是能加強梅納反應*

，使肉在烹調中產生更多風味。沒有油脂，肉的上色便不理想；有了油脂就能大大增加上色效果。別擔心，油絕對不會在烹調過程中滲進肉裡。

*編註：食物中胺基酸與糖分子受熱聚合產生棕色變化與風味豐富化的現象，請見第174頁。

無油烹肉
空氣的傳熱效果不佳，接觸面積小：肉難以加熱煎烤，也幾乎無法產生風味。

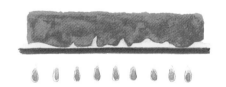

加油烹肉
油的傳熱效果絕佳，大大增加肉和平底鍋的接觸面：烹調效果好，上色快，產生許多風味。

肉的熟成

有些肉販會強調自家的肉經過緩慢「熟成」，長達90天，甚至120天。
肉的熟成效果是真的嗎？

小歷史

肉的熟成並非新鮮事。中世紀時，人們將肉長時間放置（rassir），使肉質變軟，增加滋味。19世紀末，法國人Charles Tellier發明可精準調整控制溫度的冷凍櫃；他購入一艘船，改裝加上冷凍櫃，然後載著滿船牛肉，從盧昂一路航向布宜諾斯艾利斯，整整105天，保存在-2至0℃的肉抵達終點時狀態極佳。既然已知保存肉類的精確溫度，那麼就可以開始熟成牛肉了……

小知識

屍僵*過程中，肉細胞會分解肌肉中儲存的肝醣（醣類），產生乳酸，進而改變肉的pH值，使其轉為酸性。接著，酶（enzyme）、鈣蛋白酶（calpaines）、組織蛋白酶（cathepsine）開始裂解緊縮的肌肉纖維，這過程稱為蛋白酶解（protéolyse）。緊接著是脂質分解，使脂質氧化、產生風味。

這個過程需要不少時間：最初2週可形成80%的軟嫩度，接下來就須進入精熟，以發展更多風味。

熟成？精熟？

將肉放在冷藏室數週是最常見的熟成法（maturation），此熟成方式是被動的。

精熟（affinage）則是另一回事，更加複雜，不過也能產生更多美味。好的精熟師的科學素養絕佳，掌握冷藏室的通風、了解各部位不同時期需要的濕度、能以0.1度的溫差校正溫度、還深知哪些部位的肉可以放在一起為彼此增添香氣、調節燈光等等。

*編註：動物死後肌肉組織僵直變硬的現象。

屠體吊掛方式對熟成的影響

屠宰後，掛勾穿過跟腱吊起屠體。

僅有極少數優質肉販採用骨盆吊掛法。

跟腱吊掛法

此吊掛方式可節省空間，但是背部肌肉承受屠體所有重量，因此在rigor mortis（拉丁文，即屍僵）過程中受壓縮。

骨盆吊掛法

此方式穿過屠體骨盆的髖骨，由脊椎承受懸掛重量，背部肌肉呈拉長伸展狀態，能大幅增加軟嫩度。以這種方式吊掛的屠體背部肌肉形狀和一般常見的不同。例如腹脅肉又長又細，而且美味多了……

受壓縮的肌肉＝
熟成過程軟嫩度受益不大

拉長的肌肉＝
熟成過程中大幅增加軟嫩度

牛肉經得起長時間熟成，
不過並非所有部位。

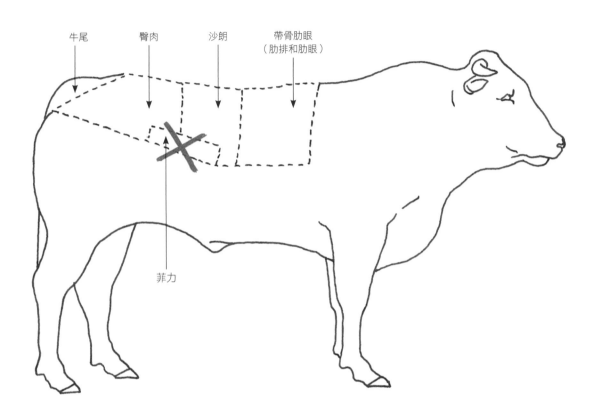

牛尾　　臀肉　　沙朗　　帶骨肋眼
　　　　　　　　　　　　（肋排和肋眼）

菲力

哪些肉可以熟成？

小牛、小羊、豬肉和禽類：1週

小牛、小羊、豬和禽類很少熟成，因為對風味和軟嫩度幾乎毫無益處。通常這些肉的熟成不會超過1週。

部分牛肉部位

牛肉只有某些部位經得起長時間熟成。熟成對於很硬或肉質不好的部位起不了什麼作用，不過倒是可以讓下背部（腰部肉）的美味加乘，這個部位是指除去菲力之外，包含牛肋眼、沙朗、牛臀的區塊。

品種、年齡及體型的影響

熟成時間取決於牛隻品種。海弗特牛或安格斯牛等盎格魯－薩克遜品種的熟成時間相當短；梅贊克霜降牛熟成時間稍長，夏洛萊牛可更久。牛隻的年齡與體型大小也有影響。

食物的影響

吃玉米青貯飼料的動物的肉容易變質，無法長時間熟成。

127

熟成指南

肉的熟成方式有兩種：一是真空包裝，讓肉在自身汁液中濕式熟成；二是放在精確控制溫濕度的冷藏室乾式熟成。兩種方式的軟嫩度不相上下，不過乾式熟成能大幅增加肉的風味。

濕式熟成

濕式熟成（wet aging，真空包裝）在大賣場最常見，讓肉色鮮紅的肌紅蛋白（myoglobine）含大量鐵質，因此通常略帶金屬味。此熟成法幾乎無法增添風味。

真空包裝肉塊＝
濕式熟成

乾式熟成

乾式熟成（dry aging）的滋味豐富多了。熟成過程中糖分濃縮、油脂氧化，總之可發展出更絕妙的濃郁風味。

無包裝帶骨肋眼＝
乾式熟成

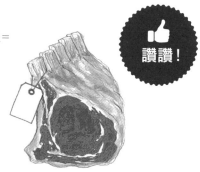

讚讚！

乾式熟成的各階段

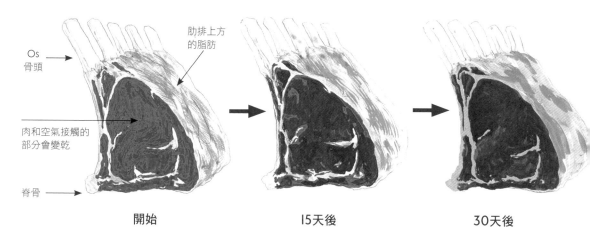

肋排上方的脂肪

Os
骨頭

肉和空氣接觸的部分會變乾

脊骨

開始

15天後
肉開始變乾形成外皮，脂肪顏色逐漸改變，肉色也轉深。

30天後
肉持續變乾濃縮，此時已流失30%重量。

在家熟成肉品

缺點

在家自行熟成肉品有兩個難處：

第一，肉的最終尺寸。熟成後必須切除變乾的部分，約1公分厚。如果是超過50公分的帶骨肋眼並不礙事，不過在單片肋排上，1公分就顯得很多了。最後有將近一半的肉都必須丟掉。

第二，很佔空間。然而，將越多肉放在一起熟成可相輔相成，風味也越好。

即使種種不便，還是可以在家熟成。

熟成方法

選購半副帶骨肋眼，約四根肋骨，放在網架上使周圍通風，烤箱滴油盤倒入一杯水（務必保持空氣溼度）放在網架下。每日換水，熟成3到5週。接著切除乾燥外部及上方部分脂肪，就可以烹調了。

為什麼價格高昂？

-費時。

-非常佔空間。

-流失可觀重量：肉中一部分的水分蒸發，此外還需切除乾燥的外層。與熟成前相比，約流失40-50%的重量。

為什麼美味？

經過熟成的肉較軟嫩多汁，這是由於蛋白質裂解，使肉在加熱過程中更能保留肉汁。熟成後的肉風味比一般的肉更豐富，一方面是肉中水分蒸發使風味更集中，另一方面則是因為產生新的風味。

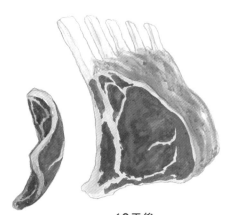

60天後
外層顏色極深，幾乎黑色；肉汁也變得極深。肉幾乎只剩下原先的一半重量，並生成大量風味。

精心熟成的肉能發展出許多風味，如櫻桃、榛果、奶油、乳酪、焦糖⋯⋯

切肉方向的重要性

想要大大提升肉的軟嫩口感與鮮美滋味嗎？祕密就在切割方向。噓，別說出去喲……

切割的方向與口感

只要逆著肉紋切薄片，輕輕鬆鬆就能增加軟嫩度。你知道比起逆紋切割的肉，順著肌肉纖維切割的肉需要花費10倍的力氣咀嚼嗎？

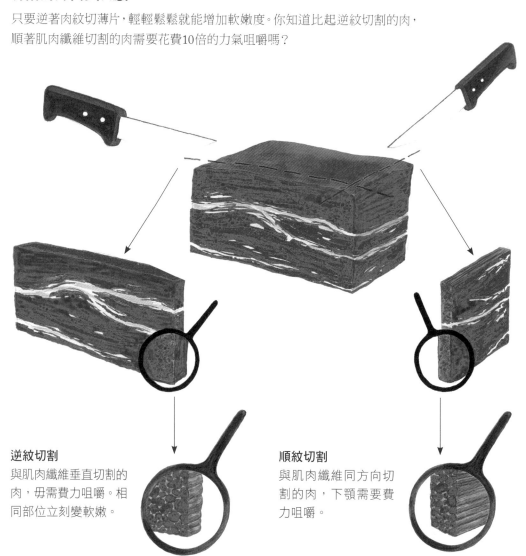

逆紋切割
與肌肉纖維垂直切割的肉，毋需費力咀嚼。相同部位立刻變軟嫩。

順紋切割
與肌肉纖維同方向切割的肉，下顎需要費力咀嚼。

熱交換面積

聽起來有點科學（是真的，我保證），但實際上非常簡單：肉與平底鍋接觸的面積越大，上色越漂亮。很合理……因此稱之為熱交換面積。而且肉越薄，整體上色面積的比例也越高。

如果兩塊重量相等的肉，分別厚切與薄切，結果如下：

與平底鍋接觸的面積
＝熱交換面積小
＝煎烤面積佔整體比例小

與平底鍋接觸的面積
＝熱交換面積大
＝煎烤面積佔整體比例大

重量相等時，由於切割方式各異，兩塊肉的上色面積也大不相同。左邊的肉產生梅納反應的面積小，無法增添太多風味，右邊的肉塊卻因此大大提升美味度。燜燉或煮硬肉的烹調方式原理完全一樣：熱交換面積越大，肉釋放到湯汁的風味也更多。

烹調時間與肉的厚度

通常食譜視肉的重量決定烹調時間。這個做法相當愚蠢，因為關鍵根本不是肉的重量，而是厚度……

你知道牛排比肋眼快熟，後者又比大塊烤肉快熟。但是究竟如何計算烹調時間呢？

為什麼關鍵不在重量？

2公分厚的牛排，無論重量200公克還是400公克，烹熟的速度都一樣，因為其厚度相同。但是，若取4公分的厚肉片與2公分厚的牛排，即使兩者重量相同，烹熟時間將會完全不一樣。

該怎麼做？

一般人以為若厚度是兩倍，烹熟時間自然就是兩倍。然而計算方式並非如此。真正的計算方式應為厚度比例的平方。也就是說，如果A肉塊厚度是B肉塊的兩倍，A肉塊的烹調時間就是 $2^2＝4$，是A肉塊的4倍。搭配圖片更容易理解。

那整塊烤肉呢？

關鍵還是厚度。如果厚度相同，無論1公斤或2公斤，烘烤時間都一樣。

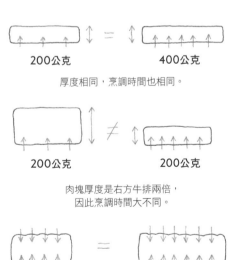

200公克　　　　400公克

厚度相同，烹調時間也相同。

200公克　　　　200公克

肉塊厚度是右方牛排兩倍，
因此烹調時間大不同。

1公斤　　　　2公斤

兩塊大塊烤肉厚度相同，無論長短，
熱度都以相同速度進入肉的內部。

肉的尺寸與熟度

別再隨意切肉了，先決定想要的熟度，再決定肉的尺寸。

炙烤或煎的切法

薄片

小牛肉、禽肉片……

優點是快熟，肉的內部亦然。如此可避免烹熟內部的同時，肉的表面過乾。烹調時間短，最適合白肉，避免肉質乾柴。

|1 公分

熱交換面積大：
肉快熟。熟度一致。

厚片

肋眼、側腹牛排、牛腰肉、豬肋排等

肉塊整體而言，熱交換面積比例仍不小；不過真正的優點在於表面能漂亮上色，熱度又不致於使肉的內部過熟，因此牛肉可保持五分熟，豬肉和小牛肉則成漂亮的玫瑰紅。禽類應避免此烹調方式，否則內部全熟時表面已過乾。

|3 公分

熱交換面積較小：
肉熟得較慢。熟度較不一致。

極厚片

牛肋排、大塊肋眼等

這種厚度較適合三分或五分熟食用的肉，外部與中心的熟度形成美味的對比。應避免中心煎至七分熟，否則肉的表面會過於乾硬。

|3 至 5 公分

熱交換面積更小：
肉熟得更慢。熟度裡外不一。

極薄片（小薄片）

適合快炒

此切法的優點為整體重量的熱交換面積極大，因此既能產生大量鍋底精華，又可迅速烹熟。切記逆紋切割使肉軟嫩。

熱交換面積最大：
肉瞬間即熟。熟度一致。

切中小型方塊

燉肉、白醬燉小牛肉等

方塊尺寸會大大左右料理完成後肉塊的風味。方塊越大，烹煮時間越長，但是肉較能保留鮮味。反之，方塊越小烹煮時間越短，肉的風味進入湯汁。視個人喜好決定囉。

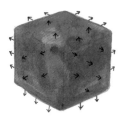

熱交換面積大：
肉流失部分風味。

熱交換面積較小：
肉流失的風味較少。

極大塊

蔬菜牛肉鍋、燜豬後腿等

一如切方塊，肉塊越大，烹煮過程中越能保留風味。大膽地用小火長時間烹煮大塊肉吧，肉只會更加美味！

熱交換面積不大：
肉不易流失風味。

薄片

湯汁、高湯等

製作湯汁或高湯時，切成薄片優點多多，可創造極大熱交換面積。肉的風味精華全數進入湯汁，短時間就能讓湯變得美味。製作湯品時，也會另外準備薄肉片最後放入，使湯料更豐富。

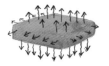

熱交換面積極大：
肉流失大量風味。

厚片

燉牛膝等

此切法最適合先煎上色，然後以燉鍋小火燜燉的肉類：熱交換面積可產生許多汁液精華，融入高湯。通常烹調時間不會太長。

熱交換面積稍小：
肉保留大部分風味，同時也能形成醬汁所需的肉汁精華。

極厚片

豬肉捲、羊腿等

極厚片的熱交換面積較小，因此烹煮過程中肉保留大部分風味。若燉煮前先煎上色，也能為湯汁增色不少。

熱交換面積較小：
肉保留絕大部分的風味，同時也能形成高湯所需的肉汁精華。

鹽漬與鹽醃

鹽醃（salaison），就是把肉放進鹽裡。鹽漬（saumure）則是將肉放進鹽和水裡。差別在此。那細節又是什麼呢？

鹽醃＝鹽
鹽醃會使肉略微變乾，較富彈性。這就是鹽醃肥鴨胸或生火腿的原理：肉放入鹽和辛香料中，洗淨後重新塗滿香料待其變乾。

法文中「鹽醃」的字源
SEL + SAISON = SALAISON

隨著用途改變，「salaison」（鹽醃）的字義也跟著改變。Antoine Furetière編纂的《萬用大字典》於1690年出版，其中對「鹽醃」的定義非常明確：「鹽醃的季節」（Saison où on a coutume de saler），因此當時意指用鹽醃肉的季節。這個季節正是秋季，當時人們習慣在秋天屠宰豬隻，用鹽醃製使豬肉可以保存整個冬天。

如何鹽醃？

整塊肉放進鹽和辛香料中，然後耐心等待。如果肉不會過厚，例如肥鴨胸，通常靜置18至24小時。較厚的肉可拉長至48小時，生火腿甚至可達2個月。靜置期間，肉會吸收一部分的鹽，當鹽的濃度超過6%，肉便開始流失水分。

完成初步鹽醃後，取出肉塊用刷子刷乾淨並擦拭，也可用自來水沖洗乾淨後擦乾。接著肉上方撒辛香料，底部則靜置乾燥。肥鴨胸必須用乾淨的布包起乾燥3天。更大塊的肉需要1週，優質生火腿可長達3年。

乾燥過程

鹽醃的最初24小時，鹽尚未滲透整塊肉；外層的含鹽量高於中心。乾燥過程中鹽會繼續逐漸往中心滲透移動，使整塊肉的鹽分濃度平均。這是乾燥過程中第一件大事。

第二件事，則是肉的一部分水分會蒸發，使風味集中並發展其他風味，一如牛肉的熟成。

科學解釋

肌纖維因為鹽的濃度而失去穩定性，變性後凝固，賦予乾燥的肉不同質地，例如大家熟知的生火腿、格里松風乾牛肉等。

我的媽呀！又是鹽漬，又是鹽醃……完全搞不懂啊！冷靜！這些都是你應該多多應用的料理方式，因為既有趣又簡單。再說，還能改變肉的滋味與質地，使其更軟嫩鮮美呢！

鹽漬＝鹽＋水
鹽漬法可以使肉保留較多水分，烹煮後仍維持多汁，煙燻牛肉（pastrami）就是使用鹽漬法：整塊牛胸肉放入水、鹽、糖及辛香料的混合液浸泡數日。取出沖洗後即可烹調。

鹽醃vs鹽漬

鹽醃法從一開始就會使肉中水分流失蒸發；使用鹽漬法時，水分會先進入肉中再流出。

那鹽漬法呢？

這時候鹽的分量就必須精確一點。肉秤重後，取相同重量的水。水中加入其重量5%的鹽和1%的糖（例如1公斤的肉，使用50公克鹽和10公克糖；2公斤的肉使用100公克鹽和20公克糖，以此類推），煮沸殺菌。水滾時加入切小塊的辛香料增添風味，續煮10分鐘使風味進入水中。靜置冷卻後，肉放入浸泡至多48小時。

浸泡時，鹽水會滲透肉塊使其膨脹。待鹽濃度超過6%，水再度外流，鹽濃度繼續增加。

這時必須取出肉洗淨擦拭，風乾後才可冷藏。

浸泡鹽水的時間視肉的重量和形狀而定。肉越厚，浸泡時間則越長。

乾燥時間

鹽漬的風乾時間較鹽醃短許多。大致而言，1公斤的肉風乾24小時就足以讓鹽均勻分布至整塊肉。

科學解釋

蛋白質改變型態，烹煮時可捕捉更多肉中的水分，並且避免肌肉纖維收縮。因此烹煮後肉仍保持多汁口感。這就是製作熟火腿的原理。

醃漬

大家都知道醃漬的目的是要賦予肉更多風味,增加多汁口感,有時更可使其軟化。但是醃漬汁必須滲入肉裡才能達到這些目的,而這正是困難之處……

酸性醃漬汁和酒精醃漬汁

酸可軟化肉質

檸檬汁、醋、優格等皆可改變肌肉纖維結構,使肉軟嫩多汁。結構改變後,即可減少烹調時流出的肉汁。新鮮水果汁液中含有某些酵素,因此鳳梨或木瓜等醃漬汁可大幅提升肉的軟嫩度。

肉不太喜歡酒精

有些醃漬汁含酒精,酒精中的酸可軟化肉質。

注意,若酒精濃度過高,滲透壓也會提高,反而會使肉失水變硬。

鳳梨和木瓜含蛋白分解酵素(鳳梨有鳳梨酵素,木瓜有木瓜酵素),特性是能破壞蛋白質,因此可軟化肉質。

在酒精濃度過高的環境下,肉會流失肉汁而變乾。

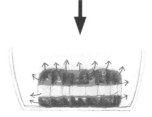

肉中的水分被酒精吸引。

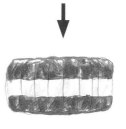

肉變得又乾又硬。

理想的醃漬要素

肉塊切成一口大小最適合醃漬汁深入其中作用。同時醃漬汁必須含少許酸度,才能使肉更多汁。加入喜愛的香草和辛香料,耐心等待即可。雞肉必須醃漬至少24小時,豬肉或牛肉需要48小時。

醃漬汁入味需要的時間？很久，非常久……

醃漬肉類可改變肉的滋味，要達到此目的，醃漬汁必須滲入肉塊內部。問題是醃漬入味的速度非常緩慢。

醃漬完全入味，需要：

雞腿

24小時

豬肋排

3天

側腹牛排

1週

醃漬兼具保存功能嗎？

中世紀時，人們會將肉塊醃漬數日，但是不同於我們的想像，並非為了軟化肉質，而是避免肉變質並延長保存時間。

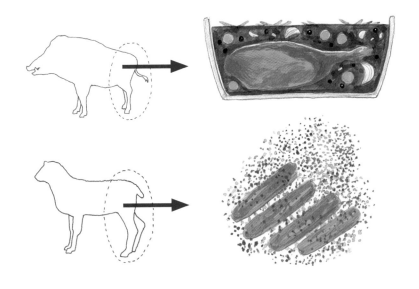

在**歐洲**，人們過去習慣用葡萄酒和蔬菜醃漬肉。如此可避免肉與空氣接觸而氧化。

在**亞洲**，則使用具殺菌效果的辛香料醃漬，延長肉的食用期限。

完美醃漬汁的祕訣

你知道醃料幾乎不會滲入肉裡，不過以下幾個祕訣教你如何醃肉更好吃，並充分享受其風味。

1

肉切小塊醃漬

醃漬又大又厚的肉，只有表面有醃漬汁。每一口僅帶少許醃漬汁，風味薄弱。

不過若將肉切成一口大小，肉塊就能完全沾滿醃漬汁，增添許多風味。

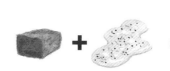

每一口的醃漬汁少的可憐　　切成一口大的肉　　浸泡醃漬汁　　每一口都是豐富滋味

外表裹滿醃漬汁的肉

2

烹調途中醃漬效果最佳

肉煮熟後表面會形成裂縫，祕訣就是利用這些裂縫讓醃漬汁滲入。烹調到一半或剩下1/3的時間時，先

停止加熱，肉靜置冷卻後醃漬48小時。接著取出烹熟，肉的風味會增加100倍！

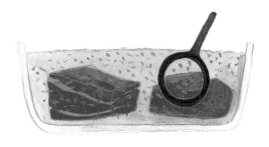

讚讚！

雖然醃漬汁難以滲入肉，卻會卡在裂縫中，因此每一口都能吃到醃漬汁的好滋味。

3

市售的醃漬方法

此醃漬法原理在於直接將醃漬汁注射至肉多處,接著靜置48小時。市面上的醃漬肉皆利用此手法。

雖然醃漬汁注射量少,擴散範圍也小;不過由於注射多處,效果仍非常好。

大型注射器和針頭可在藥局購得。

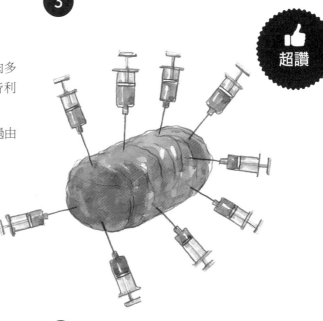

超讚

4

火烤才能讓醃漬真正發揮魅力

不必再事前費心醃肉啦,因為根本沒用。烤肉時將醃漬汁塗在肉上就可以了。

有炭火加持醃漬汁才能施展魔法:烤肉時少許醃漬汁會滴落在炭火上,汁液一碰到炭即著火燒焦,產生煙。煙往上飄,為肉增添香氣與風味。這就是為什麼醃漬汁在烤肉時效果特別好。

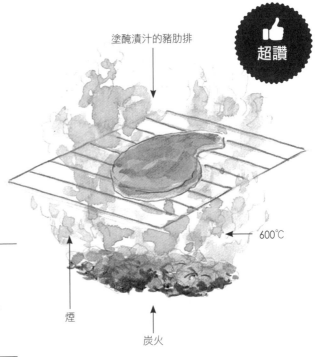

超讚

塗醃漬汁的豬肋排

600℃

煙

炭火

醃漬汁炭烤時效果更好是因為有助於煙燻肉。並不是因為更快入味……

炭烤

炭烤是非常古老的料理方式，至今無太大改變：肉放在燒紅的炭上烹熟。
不過炭烤遠比我們想像的更複雜……以下就是炭烤獨樹一格的四大關鍵。

適合哪種肉？

煙燻風味和各
種肉都合拍，
如肋眼、牛肋
排、小牛肋
排、豬小排、甚至
羊腿都適合。

1 不只是熱，更是輻射熱

完美烤肉需要的正是**輻射**熱。雖然瓦斯烤肉爐幾乎能達到炭火烤肉爐的相同
溫度，卻無法產生或只有極少量輻射熱。光是這點就使完成品大不同，少了輻
射熱，肉上色效果遜色許多。這就是瓦斯烤肉爐的極限：熱度夠但無法上色。

**烤箱上方的電熱管也是輻射
熱，讓整體更快上色。**
一片麵包放入200℃的烤
箱，麵包會變乾卻難以烤至
金黃。如果轉到上火燒烤模
式，同樣200℃，麵包很快
就烤至金黃上色。

重點是烤肉架散發的
超強輻射熱，可使肉
快速上色。

2 醃漬汁產生煙霧

我們常在食譜中看到「肉必須醃漬至少2至3小時」。別
再費事醃肉了，肉並不會在幾小時內入味。真正有幫助
的部分，在於烤肉時讓醃漬汁滴下落至炭火產生煙。

炭火並沒有氣味
樹木精油對烤肉風味沒有太大影響，因為木炭的炭火
不會散發氣味。

實際上發生的事？
加熱時，醃漬汁融化滴
至炭，一碰到炭便著火
燒焦，變成香噴噴的
煙。炭烤過程中，肉的
表面形成無數細小裂
縫，煙霧滲進肉的裂
縫，增添許多風味。

香草植物的香氣
另一個為煙霧增加香
氣的方法，是直接在
炭火上放百里香或迷
迭香等香料植物。

③ 烤肉爐的顏色也有關係

通常烤肉爐是黑色的，以免燒焦痕跡太明顯。不過老實說，這是最糟糕的顏色，因為黑色會吸收而且不會反射熱能。如果你的烤肉爐是深色的，烤肉架中央才會是溫度最高的部分。架上擺滿肉時，靠近邊緣的肉熟的較慢。

讓烤肉架表面溫度均勻一致的最佳方法，就是用鋁箔紙包住烤肉爐內壁，光澤可反射肉眼看不見的紅外線，使整個表面溫度均勻。

熱度不均勻。
烤肉爐中央溫度較高。

黑色吸收輻射熱，烤肉爐邊緣的溫度較低。

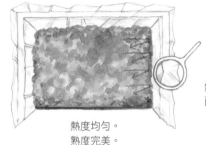

熱度均勻。
熟度完美。

鋁箔紙反射輻射熱，烤肉爐表面溫度均勻一致。

④ 兩個溫度區

大塊牛肋排或羊腿等較厚的肉必須分兩次烤：先用高溫上色，接著以較低的溫度慢慢烤透。

有些人會將烤肉架調高，使溫度降低，不過幫助不大。最好將炭火分成強火和弱火兩區，就能完美掌握兩種火力。

讚讚！

烤肉架調高10或15公分
溫度會稍微減弱，但是輻射熱的強度幾乎相同，依舊屬於強火。因此溫度略降，但輻射熱強度幾乎不變。

炭火分成兩區不同火力
最好的方式是將大部分炭火集中在一個角落，剩下少許炭鋪在烤肉爐底部，並將肉放在此區域。如此就形成兩個溫度和輻射熱強度大不相同的區域。

鋁箔紙萬歲！

直接火烤？沒問題！

無法降低炭火強度或炭火太旺時，將肉取下，烤肉架放上鋁箔紙後放回肉。鋁箔紙隔絕火焰和肉，還可反射輻射熱。

炭烤就是肉同時上色和煙燻。

煎

這是最普遍也最容易上手的料理方式，不過還是必須知道訣竅，才能煎得成功。提示：在科學上我們稱之為「半煎炸」。

適合哪些肉？

柔嫩不過厚的肉，如肋眼、側腹牛排、小牛或豬肋排……

如何煎肉？

煎的特色在於以高溫快速烹熟食物，非常適合料理3、4公分厚的肉排，上色的同時也能烹熟。

這正是美味的小羊或小牛肋排、橫膈膜內部肉或肋眼追求的重點：外表香脆，中心溫熱。

成功掌握此料理技法的兩大關鍵：

－ 平底鍋（或煎鍋）以大火完全充分加熱，不可只有部分加熱。這點至關重要！

－ 油脂（奶油或液態油）是平底鍋和肉之間的最佳傳熱媒介。

 ＋  或 =  超讚

什麼是「半煎炸」？

很簡單：不在炸鍋中倒入大量液態油深炸食材，而是將食材攤平放進鍋底，以淺淺一層油炸熟。因此「煎」也是炸的一種，差別在於食材攤平。

為什麼叫做「煎」？

法文中的「煎」（sauter，動詞）字源是此料理法使用的工具：淺湯鍋／煎鍋（sautoir）。現代的「煎」使用平底鍋（poêle），不過「cuisson poêlée」卻指「油燜」，而且不使用平底鍋。我知道看起來有點複雜，不過實際上沒這麼複雜……

「煎」的成功訣竅

① 平底鍋的尺寸

如果平底鍋的肉太多，溫度就會下降，使得肉被自己的肉汁煮熟，無法煎至金黃。

煎煮產生的水蒸氣無法蒸散，肉一部分被蒸氣煮熟，難以上色。肉使鍋內溫度下降，無法煎出美味香脆的外皮。

水蒸氣容易蒸散，肉可充分上色。肉的分量不至於使平底鍋溫度下降，因此能形成可口外皮。世界級的美味！

② 油

油要倒在肉上，而非平底鍋內。薄薄一層油即可。

如果直接在平底鍋內倒油，一部分的油會積在肉的周圍，使溫度過高而燒焦。

若先在肉上淋一層油再放入平底鍋，肉的周圍就不會積油，也就不會燒焦。

③ 熱度

平底鍋燒熱後即可放入肉。是否聽到滋滋聲，看見肉的周圍冒出陣陣白煙呢？

蒸氣斷斷續續地噴起肉，有點類似被壓力推進的氣墊船。

滋滋聲是由於肉中水分變為水蒸氣，形成陣陣美麗的白煙。

肉下方的蒸氣壓力極高，甚至將肉從鍋底噴起。雖然肉眼無法察覺，不過用顯微鏡就可看得一清二楚。這就是肉會在鍋內稍微移動的原因。

④ 火力大小

肉放入平底鍋後，大家最常做的就是轉小火以免肉燒焦。大錯特錯！這時候反而應該保持火力，甚至轉大火。

火的大小非常重要。如果火太小，整個鍋底溫度就會不一致，肉的中心會較快熟。

冷肉放進平底鍋時，鍋子溫度會下降。如果這時候再調弱火力，平底鍋熱度將不足以使肉充分上色。

平底鍋表面溫度一致，熟度因此會非常均勻。超棒！

轉大火可補足肉放入後造成的鍋子冷卻，使平底鍋立刻恢復放入肉之前的溫度。

烘烤

讓我們開門見山的說，並不是把肉放進烤箱或鑄鐵鍋就叫做烘烤。真正的烤肉是在火堆前烹熟食物，但是又不同於炭烤。你有跟上嗎？沒有？沒關係……

適合哪些肉？

又大又厚的肉，已經過上色，如烤大塊牛肉，整隻禽類、小牛或羊鞍（肋排）、羊腿……

串烤或烤箱？

真正的烤肉必須放在柴火或炭火前方，而不是烤箱裡。不過烘烤已演變出適合現代的形式，以下分別是原始和現代的烘烤。

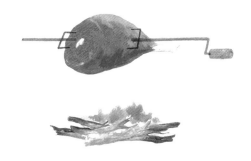

最早的串烤

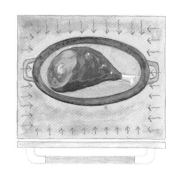

現在的烤肉

正宗烤肉

正統烤肉的優點是溫度無需過高，慢慢讓輻射熱穿透整塊肉又不致燒焦外表，有點類似中低溫烹煮，同時又能為表面上色。

旋轉烤肉的原理很單純：旋轉肉塊使熱源緩緩進入整塊肉內部，並且不燒焦外表。

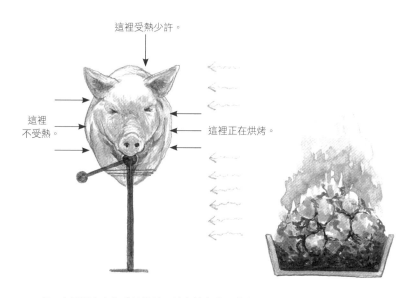

這裡受熱少許。

這裡不受熱。

這裡正在烘烤。

每一次暴露在火焰或熱炭前，熱度就會「一波波」緩緩進入肉裡。這就是為什麼烤全羊或烤乳豬如此軟嫩滑口。

少許油？

肉上當然要淋一點油，這是最基本的，因為油可以增加空氣到肉的傳熱效果。一如往常，薄薄一層就足夠。

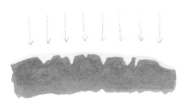

肉的上方：傳熱效果極佳，因此色澤金黃，美味十足。

肉的下方：傳熱效果極佳，因此可充分烹熟，美味十足。

是否該預熱烤盤？

預熱烤箱時有一件非常重要的事，那就是也要預熱烤盤。

沒有預熱烤盤

烤盤未加熱前無法將熱度傳至肉，加熱過程最多可達10分鐘。這段時間裡，肉的上方已經開始熟了。

結果：肉的上方比下方先熟。

有預熱烤盤

放上肉時烤盤已經夠熱，因此肉的上下同時受熱變熟。

結果：肉上下裡外熟度一致，超正點……

烤箱烘烤

使用烤箱烘烤會讓食材變得極乾，使用旋風模式更乾。而且和我們以為的相反，旋風烤箱並不會讓肉更快熟，反而更快變乾。

烘烤過程中，食物表面會停留一層薄薄的濕氣，這層濕氣可減緩肉中水分蒸散。若開啟旋風模式，烤箱風扇會吹散這層濕氣，導致肉更快變乾。

風扇運轉中
沒有薄薄濕氣＝肉很快就變乾。

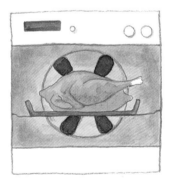

不開風扇
肉的周圍保有一層濕氣＝延緩肉變乾。

烘烤

~~~~~~~~~~~~~~

烤的奧義

選用烤箱上火燒烤模式、烤箱門半開，創造輻射熱環境，就能用烤箱做出超美味的烤肉。祕密就在肉要和電熱管保持一定距離避免燒焦。肉放在烤箱偏下層，每5分鐘轉一次方向，就可烤出媲美正統的鐵叉烤肉。

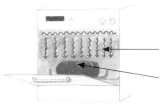

烤箱內部空氣不會過熱，使肉不會乾柴過熱。
—這裡的紅外線很接近炭火的輻射熱。

—這裡慢慢上色至金黃香脆。

烤盤該放哪一層？

食譜常說：「烤盤置於中等高度」或「烤箱中間」。我的老天爺啊，該放在烤箱中間的不是烤盤，是肉啊！

肉的上方到烤箱頂和烤盤到烤箱底，兩者距離必須相同。真的要好好解釋一下……

烤盤放在中等高度時
烤雞太高了，熟度不均勻。

烤盤位置偏低時
烤雞剛好位在烤箱中央，熟度均勻。

烤盤該推到烤箱最裡面嗎？

烤箱最裡面和角落的溫度最高；烤箱門則是溫度最低處，旋風烤箱亦然。

為了使熟度均勻一致，每15分鐘就要轉動一次烤盤。

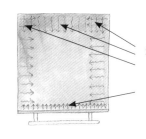

烤箱俯瞰圖
—這裡是烤箱溫度最高處。

—這裡是烤箱溫度最低處。

肉的靜置

與其烹調完成後靜置，不如時間在烤至3/4時取出靜置。接著將烤箱溫度轉到最高。肉靜置後淋上少許液態油（千萬別淋靜置時流出的肉汁，那是水分和肉的精華），接著放回熱燙的烤箱，加熱至外表香脆即可。

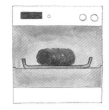

靜置時
時間烤至3/4時，肉取出以鋁箔紙包起靜置。

靜置後
外表吸收些許中心的肉汁，變得柔軟。肉不再香脆，而且有點涼了。

淋油
淋少許液態油，可使肉的表面快速上色。

最後烘烤
放回烤箱。肉的上下皆快速烤至金黃上色，再度變的香脆熱燙。

低溫烹調

這是近年來的熱門話題，不過實際上已經流傳好幾百年了。此烹調法以 80℃溫和均勻地烹熟，可完整保留肉汁。

適合哪種肉？

適合又厚又大的嫩肉，如7小時羊腿、塔吉……

備註：只要用低溫的sous vide烹煮，優點完全相同。

為什麼低溫烹調的肉這麼好吃？

因為控制在產生所有化學反應的溫度區間，烹煮出最美味的肉。

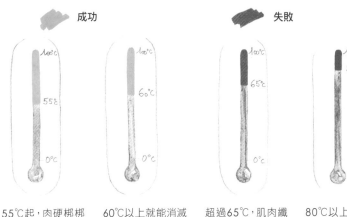

成功

失敗

55℃起，肉硬梆梆的膠原蛋白開始融化。

60℃以上就能消滅所有感染源。

超過65℃，肌肉纖維收縮程度變大，開始流失水分。

80℃以上，肉中的水分開始蒸發。

低溫烹調優點多多

－肉質極軟嫩
因為膠原蛋白逐漸分解。

－沒有細菌
因為溫度和烹煮的時間足以殺死細菌。

－保留最多肉的礦物質和維他命
因為烹煮溫度不過高，不致使其消失。

－多汁
因為保留大量水分。

－非常鮮美
完全不流失肉汁。

－熟度完全一致
沒有過熟或乾柴的部分。

－輕鬆烹調法
煮10分鐘或20分鐘幾乎沒有差別。即使餐前酒時間超過預期，或是前菜時大家聊天正在興頭上，都不用擔心。

總之，徹底的幸福烹調！

使用較低溫度、拉長烹調時間，更節省能源。對肉、對錢包、對地球都好！

Sous Vide

不同於其他烹調法，sous vide（真空低溫水煮，也有人稱為舒肥）是很新的技法，而且非常有意思。但是注意，烹調時間非常長：視食材大小，可從1小時到72小時。你沒看錯，真的要煮72小時！

適合哪種肉？

所有肉類、所有部位，全部都適合！從甜菜根到羊腿，什麼都可以sous vide。

如何操作？

非常簡單。肉放進塑膠材質的袋子，排出所有空氣後密封。接著以水浴法（bain-marie）或丟進蒸氣烤箱，定溫至肉中心欲達到的溫度。烹調時間長到足以殺死大部分微生物即可。是不是很簡單啊？

1 肉裝進適合sous vide烹調的袋子。

2 用真空機抽光袋中空氣。

3 大湯鍋裝水，放進sous vide棒加熱。接著維持選定的溫度。

4 真空包的肉放入sous vide棒加熱的水中。

5 依照溫度和食材大小，烹煮至預定的時間。

此烹調技巧的風味與口感無與倫比，但是最好有真空密封機和低溫烹煮設備。

（編註：沒有真空密封機和低溫烹煮設備也可以低溫烹調喔，參見積木文化《低烹慢煮》，蘇彥彰著）

說真的，要是關注風味，而且最愛肉的風味，沒理由不成為sous vide的擁護者！

SOUS VIDE的好處

軟嫩多汁的肉

Sous vide的烹調溫度相當低，可避免肉收縮流失肉汁。這也是sous vide烹煮的肉如此柔嫩多汁的原因。

sous vide　　　　傳統法

熟度均勻

肉的裡外熟度完全一樣，不像傳統烹調法，每個部分熟度不一。

sous vide　　　　傳統法

調味清爽

真空包裝的肉充分吸收調味料風味，因此使用的鹽和胡椒較傳統烹調法少。

sous vide　　　　傳統法

醃漬更有效率

Sous vide醃漬比一般醃漬效果更佳。Sous vide醃漬2或3小時和使用一般方式醃漬數日的效果完全一樣。

sous vide　　　　傳統法

煮

蔬菜牛肉鍋和白醬燉小牛肉是燉煮法最有名的例子。煮是最經典的蔬菜烹調技法；不過說到肉，煮的藝術正是避免煮沸。沒錯……

水，基礎材料

煮肉的首要關鍵在於水的品質。燉煮完的水常用來做成湯汁或醬汁，如果水的品質不佳，又怎麼能期待湯汁的滋味呢？

如果家中自來水品質不太理想，最好購買濾水器，可讓料理風味更純淨。若你還沒有濾水器，不妨使用瓶裝泉水，完成品將會大大不同。

> 無味的水不會使肉料理留下奇怪的後味。

自來水常用來製作湯汁，但是自來水有一股淡淡的味道，進入湯汁後會更加明顯，不是很可惜嗎？

不可沸騰

蔬菜牛肉鍋或白醬燉肉的食譜中常寫：「煮至微微沸騰，撈去浮在湯上的雜質浮沫。」別再被這些連鍋子裡發生什麼事都不知道的人唬了！

肉放入水或湯汁中加熱時，究竟發生什麼事呢？油脂與肉分離，與液體混合。解釋如下：

絕對、絕對不要將肉煮至劇烈沸騰，即使只是微微沸騰，或是即將沸騰冒出小氣泡。除非你就是想吃乾硬枯柴的肉。

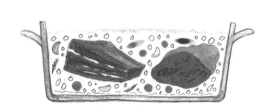

> 讚讚！

如果煮至沸騰，即使只是微沸，油脂就會朝四面八方滾動晃蕩，形成白色泡沫，帶苦味而且有點令人倒胃口，因此我們習慣撈去浮沫。此外，所謂的「泡沫」或「雜質」其實完全不是泡沫或雜質，只是油脂和蛋白質與空氣的混合罷了，看起來就像髒污的海岸死水，無法讓人食指大動……

要煮得好，只能很偶爾看見幾個小泡泡緩緩浮上水面，此時溫度約為80℃，足以使肉熟透、融化肉裡的膠原蛋白，是常用的料理方式。不會產生白色浮沫、沒有苦味，煮出的湯汁有顏色卻澄澈，品質絕佳。

再說一次，不可煮沸

滾水煮肉還有第二個問題，那就是熱傳導非常劇烈，太劇烈了。沸騰的水和即將達到沸點的水，兩者只有幾度之差。不過比起這區區幾度，真正不同之處在於水的動態，因為動態水加熱速度比靜態水更快。

熱水或滾水，差別何在？

雖然有點科學，不過還是很有趣喔！

當水變熱，但並未沸騰時，與肉接觸到的少部分水會稍微冷卻，因為肉的溫度略低於水。

當水沸騰時，由於急速翻騰，即使接觸到肉也沒有時間冷卻。

讚讚！

此處的水被肉冷卻，由於水幾乎靜止不動，在肉的周圍形成溫度略低的保護層。

此處的水不斷翻騰，無法形成較低溫的保護層。

何時加鹽？

水煮的另一個重點在於，肉會流失大量風味，為湯汁帶來鮮味。這是滲透現象，因此加鹽的時刻至關重要。

1 如果一開始就加鹽，肉不會流失太多風味，但湯汁淡而無味。

2 烹煮途中加鹽，肉流失較多風味，但是湯汁風味較足。

3 如果最後加鹽，肉將變得寡淡無味，不過湯汁則鮮美十足。

胡椒？最後放！

絕對、絕對、絕對不要在正在加熱的湯汁或水中加胡椒。你一定喝過泡太久的茶吧？味道又苦又澀，胡椒亦然，只要在液體中加熱時間過長，味道就會變得苦澀。再說，胡椒的風味完全不會煮進肉裡，因此一開始或烹煮途中加胡椒沒有任何意義。永遠要在食用前才加胡椒。

煮的奧祕

該怎麼做才能讓肉和湯汁都鮮美可口呢？

不傳之祕

祕訣就是不要用清水煮肉，而要用事先煮過肉（這些肉可以用來做絞肉焗烤馬鈴薯等料理）的湯汁。

1 首先以少許油將煮湯汁的肉煎至上色。上下煎至金黃後，加入蔬菜、辛香料及足夠的水，約淹過肉2、3公分。

2 慢煮3小時，不可使水微沸。烹煮時，肉煎至金黃的部分可增添湯汁風味。千萬不要加鹽，因為此時就是要盡量煮出肉的鮮味。

3 3小時後就是鮮美的湯汁，取出肉……

4 ……並加入稍後要上桌的肉。
就是現在，放鹽。

5 熬煮足夠的時間，記得千萬不可沸騰或微沸。肉和湯汁之間會形成平衡的風味，這也是滲透現象。

湯汁已富含鮮味，因此肉僅流失少許風味進入湯汁。這就是大廚們煮肉的祕密。

超讚

完美的水煮雞

我知道,祕密好像越來越多。但是有人偏要瞞著這麼重要的事,我也沒辦法啊……

大家都知道,雞胸肉常常又乾又柴,這是因為煮過頭了。胸肉所需的烹煮時間較雞翅或雞腿短。

1

若要讓胸肉比雞翅和雞腿慢熟,烹煮的水或湯汁不可淹過胸肉。湯汁深度不可超於雞腿的最高處。這是第一個祕密。

2

第二個祕密,就是在胸肉上蓋一塊乾淨的布,接著蓋上鍋蓋。

3

湯汁受熱會形成水蒸氣,一部分蒸氣會在鍋蓋上凝結,形成小水滴落在布上。如此胸肉就能溫和緩慢地烹熟,同時充分保持溼度,當然也就不會乾柴啦。烹煮胸肉的濕布溫度低於烹煮雞隻其餘部位的水或湯汁。很簡單吧!

為什麼隔夜更好吃?

最後一個祕密,蔬菜牛肉鍋或白醬燉肉之類的料理必須在前一天完成。烹煮時,部分肌肉纖維會收縮,在表面形成隙縫,湯汁會滲入並留在其中。因此每一口不僅有肉,更能吃到留在隙縫中的湯汁,肉的口感更顯多汁。這就是隔夜更好吃的原因。

烹煮後,部分纖維收縮,在肉中留下隙縫。湯汁滲入後因毛細現象留在其中。

不冷也不熱

「無論是用冷湯汁或熱湯汁烹煮,效果幾乎不變。」

食譜常說:「烹煮蔬菜牛肉鍋時,肉要放進熱騰騰的湯汁使之收縮,避免流失味道。」事實上,即使受熱收縮,肉仍會以同樣方式流失肉汁。艾維·提斯曾做過實驗,將相同部位一切兩半,分別放入已煮熱的湯汁和冷的湯汁。接著每15分鐘取出肉,擦乾後秤重。持續15小時後,熱湯汁和冷湯汁煮的肉毫無差異。

燜

燜的料理法歷史悠久，最早人們將整只燉鍋埋進燒紅的炭裡，烹熟其中的肉。到了今天，燜已經完全不一樣了……

古法燜肉

結合輻射熱、對流熱、傳導熱等各種加熱法，烹煮出美味無比的肉。燒紅的炭在烹煮初期溫度極高，可使肉上色。接著慢慢降溫，以較低溫度烹熟肉。

適合什麼肉？

任何需要長時間低溫烹煮的肉，如燉牛肉、整塊帶骨豬排、大塊禽肉……

烹調初期，鍋蓋傳導高溫，使肉的上方充分上色。

鍋蓋必須完全蓋緊密封，留住肉、蔬菜及液體在鍋內產生的水氣。

整塊肉在極潮濕的環境中烹煮，可避免肉質過乾，縮短烹煮時間。

少許液體，深度不可超過1公分。加入大量蔬菜後放上肉，使肉不會泡在水或湯汁裡。烹煮時蔬菜也會產生大量水蒸氣。

現代燜肉

如今，「燜肉」通常使用瓦斯爐或電爐的小火。很不幸地，火苗只能從下方加熱，肉的上方在濕度極高的環境下煮熟，如同古法，只不過無法上色至金黃。而且為了避免肉的下方過熟，通常會在鍋中加入大量水分，稀釋肉的風味，最後還要收汁使湯汁味道變濃……

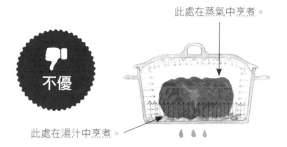

此處在蒸氣中烹煮。

不優

此處在湯汁中烹煮。

成功的兩大關鍵

使用鑄鐵鍋，最好選黑色，聚熱效果更好，並且可從四面八方反射熱能。鍋蓋蓋上時必須盡可能密合，避免水蒸氣逸散使肉越煮越乾。鍋蓋當然也要是鑄鐵材質，才能放入烤箱。

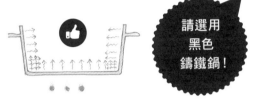

請選用黑色鑄鐵鍋！

鑄鐵鍋可聚熱，接著將熱傳至鍋底和鍋身。內部熟度均勻。

不銹鋼湯鍋幾乎無法傳熱至鍋身。

放入烤箱燜，但位置要講究

若要燜出美味的料理，與其用爐火，不如將鑄鐵鍋放進烤箱，而且高度越接近頂部越好，使鍋蓋能傳導最大熱能。

讚讚！

烤箱中，鑄鐵鍋的熱源來自四面八方，然後將熱度傳遞至鍋內。接著，千萬別忘了，肉較接近鑄鐵鍋底部而非上方，為了使內部熟度均衡，鍋蓋溫度必須高於鍋底。這就是鑄鐵鍋要盡可能放置靠近烤箱頂的原因。

祕密就在鍋蓋：必須與鑄鐵鍋完全密合。

古老的智慧：封住燉鍋

想要密封鑄鐵鍋，最簡單的做法就是製作麵團，放在鍋身和鍋蓋之間。麵團受熱後膨脹，使鑄鐵鍋密封，這個技巧稱為「泥封」（luter）。

有了**泥封麵團**，鍋內保留大量水氣，壓力也稍微升高。肉在高濕環境中不會變乾，烹調也更快速。

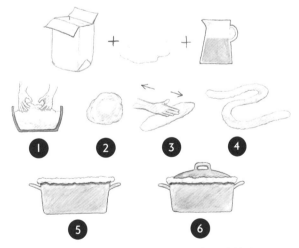

製作泥封用麵團，只需要麵粉、蛋白及少許水。

燜

燜的藝術

燜肉有兩種方式：褐色或白色。究竟該怎麼做？

褐色燜肉

褐色燜肉（braisage à brun）的意思是烹煮之前，肉的表面先煎至上色。好處是肉上色的部位能提升風味。

鑄鐵鍋煎肉至上色後取出，放入2、3公分厚的蔬菜及香料植物。

接著肉放在蔬菜上，倒入與蔬菜齊高的水（或是牛、小牛、雞高湯）。我知道聽起來很龜毛，不過這才是真正的燜。蓋上鍋蓋就可以進烤箱囉。

白色燜肉

白色燜肉（braisage à blanc）步驟完全和褐色燜肉一樣，只是肉不經上色。白色燜肉較適合禽類，偶爾使用白肉。

煮汁吸飽煎肉的滋味；濕氣充足，肉不會變乾。肉烹煮的速度均勻一致。

煎肉的風味進入湯汁，由於液體分量小，滋味更濃郁飽滿。這就是燜的藝術！

蔬菜層可防止肉直接接觸鑄鐵鍋底部，避免下方太快熟。

肉不會浸泡在湯汁裡，而會被熱騰騰的蒸氣烹熟。

燜還是煮？

湯汁絕對不可淹過肉。這麼做肉就不是在熱燙濕氣中燜熟，而是被沸騰的湯汁煮熟，無論風味口感都將大不相同。

👍 湯汁少＝燜肉　　　👎 湯汁與肉齊高＝煮肉　　　👎 湯汁淹過一半的肉＝半燜半煮

燉

燉是燜的變化：大塊肉切成小塊，加快烹煮速度。

方法

燉和燜一樣，分為「褐色」和「白色」。不過法國人就愛咬文嚼字，把事情搞個得更複雜：白色燉肉稱為「熟燉」（raidir les morceaux）。簡單來說就和煎至上色（dorer）一樣，但是在肉轉金黃前即停止。

raidir＝
使其稍微
變硬。

2

放入蔬菜和湯汁前，在肉上撒少許麵粉，使湯汁較稠。

3

燉的最大優點在於縮短烹煮時間。

4

常見的問題是加入過多湯汁，肉的滋味因此被稀釋，因此千萬別放多。湯汁絕對不可完全蓋過肉。

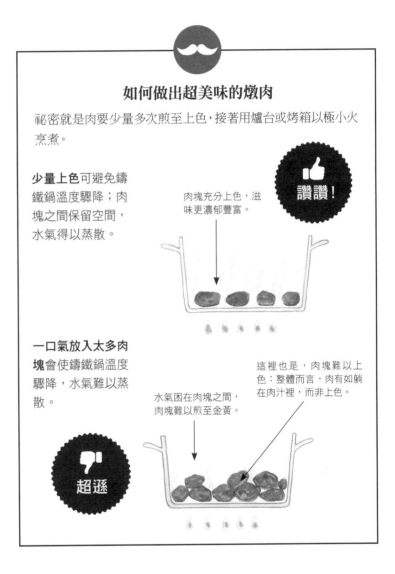

如何做出超美味的燉肉

祕密就是肉要少量多次煎至上色，接著用爐台或烤箱以極小火烹煮。

少量上色可避免鑄鐵鍋溫度驟降；肉塊之間保留空間，水氣得以蒸散。

肉塊充分上色，滋味更濃郁豐富。

讚讚！

一口氣放入太多肉塊會使鑄鐵鍋溫度驟降，水氣難以蒸散。

這裡也是，肉塊難以上色：整體而言，肉有如躺在肉汁裡，而非上色。

水氣困在肉塊之間，肉塊難以煎至金黃。

超遜

想要燉的成功，
細心和耐心是不二法門。

煎牛排之深度報導

煎牛排的過程中發生許多你意想不到的事，瘋狂極了。你知道肉會飛離平底鍋，而且先膨脹再收縮嗎？還有，一部分的牛排是被自己的肉汁煮熟的。讓我們聚焦看看！

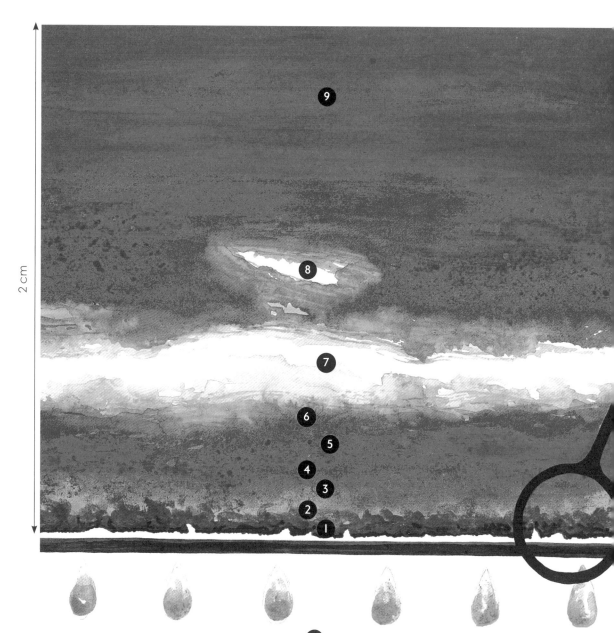

1. 這部分煎成金黃色，非常非常薄，約0.025公分，不可超過。

2. 顏色從紅色轉為灰褐色，因為肌紅蛋白顏色改變了。

3. 較深一點的地方也產生梅納反應，但不超過0.05公分。

4. 肉中的水分溫度極高，幾乎沸騰。

5. 此處的水分轉為水蒸氣。肉開始變乾，溫度可達140-160℃。不過只要牛排內部還有水，溫度幾乎不會高於100℃，因為液態水不會超過此溫度。

6. 脂肪融化，鮮美可口。各個品種的脂肪品質決定牛排的風味優劣。

7. 牛肉轉為近乎白色。至少看起來是白色，因為水蒸氣使蛋白質凝結，令光線色散，因而看起來像白色，即使實際上不然。

8. 熱度向上傳導極慢，即使經過1小時，厚度4、5公分的牛排上方仍不會變熱。

9. 受熱產生的一部分水蒸氣緩緩鑽進纖維之間，不斷上升，使牛排膨脹，頂部微微鼓起。

是非題：表皮可以封住肉汁嗎？

別再人云亦云，認為牛排表面煎至金黃上色，就能形成外皮封住肉汁。大錯特錯。原因不只一個，有好幾個：

- 不斷上升的白煙，是水分流到牛排下方，流出外皮後轉變為水蒸氣。

- 煎熟後，鍋底留有肉汁精華，所以才要洗鍋底刮起精華（déglacer）。肉汁經外皮流出，接觸到滾燙的鍋底即變乾。

- 牛排靜置後，下方會出現一小攤汁液。這些肉汁從牛排底部經外皮流出。

蒸氣
煎牛排時，肉裡一部分的水會化成蒸氣。水蒸氣從肉的下方竄出。水從液態轉為氣態的過程中，體積會增加將近1,700倍，因此肉的下方壓力大～得不得了！大到能不時噴起牛排以釋放壓力。

外皮
由於梅納反應，外皮形成漂亮的深褐色，風味十足。外皮煎的越乾越厚，越會減緩肉裡的熱度傳遞。煎的越久，熟的速度將越來越慢。因此並不是一味地轉最大火、最高溫，牛排就會比較快熟。

平底鍋
平底鍋約為180-200℃，冒出的蒸氣為100℃，因此會稍微冷卻平底鍋的溫度。正是如此，放入牛排後更不應該轉小火。肉和蒸氣已經降低平底鍋的溫度，因此別再轉小火！除非你不想吃上色漂亮的肉……

煎牛排時該翻面嗎?

這麼簡單的問題,眾人意見卻如此分歧。最好的方法就是觀察兩塊牛排:一塊只翻面一次,另一塊每30秒翻面一次。

如果牛排只翻面一次

上方:無法受熱,不會變熟。
下方:加熱中。逐漸形成外皮。

上方:無法受熱,不會變熟。
下方:不斷加熱。外皮越來越厚。熱度慢慢往上傳。

上方:無法受熱,不會變熟。
下方:外皮過熟過厚,使熱度難以進入。內部雖然開始溫熱,但是外皮以上的部分變乾。

上方:金黃外皮開始冷卻,其下的肉卻已經全熟。熱度繼續進入中心。
下方:熱度使肉開始變熟。形成外皮。

上方:表面持續冷卻。熱度繼續進入內部。
下方:肉繼續轉熟,開始變乾。外皮越來越厚,熱度傳遞減緩。

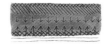

上方:表面幾乎變涼。外皮以下溫度也降低了。
下方:外皮過熟過厚。熱度傳遞緩慢。

外皮下方過熟的肉極厚,太厚了。幾乎1/3的牛排都過熟,乾柴粗硬,真是太可惜了,只有中心的溫度剛剛好。唉,你絕對值得更好的。

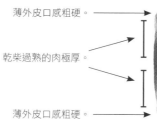

薄外皮口感粗硬。

乾柴過熟的肉極厚。

薄外皮口感粗硬。

「**經常翻面**可使肉的熟度更均勻」、「牛排只可翻面一次,才能煎的金黃漂亮……」這麼簡單就能證實的事卻眾說紛紜,未免太荒謬了!

如果牛排翻面數次

上方:無法受熱,不會變熟。
下方:加熱中,開始變熟。形成外皮。

上方:無法受熱,不會變熟。
下方:不斷加熱。外皮越來越厚。熱度慢慢往上傳。

上方:表面熱燙。熱度進入肉裡,但不至使其過熟。
下方:熱度使肉開始變熟。形成外皮。

上方:第二次煎的熱度進入肉裡,但不至使其過熟。
下方:肉繼續變熟,形成外皮。第一次煎的熱度繼續進入牛排內部,但不至使其過熟。

上方:第一次煎的熱度繼續進入肉裡,但不至使其過熟。第三次煎的熱度也進入肉裡又不至使其過熟。
下方:肉變熟,形成薄薄外皮,不妨礙傳熱。第二次煎的熱度繼續進入肉裡,但不至使其過熟。

外皮之下的極熟部分只有薄薄一層。整片牛排連中心都熱呼呼,表皮香脆。整塊肉的熟度均勻一致,維持鮮嫩多汁。太棒了!

極薄的外皮煎至乾酥香脆。 →

極小部分全熟乾柴。

極薄的外皮煎至乾酥香脆。 →

結論

別猶豫,牛排每30秒就翻面更美味:只有薄薄一層全熟,整塊牛排熱呼呼,軟嫩多汁。

澆淋肉汁

大廚、肉販,以及食譜書不厭其煩地重複:「烹調期間要經常澆淋肉汁,滋潤肉塊。」真的啊?大家都這麼說,那一定是真的囉……其實不然,實際上完全不是這麼回事。

又一個積非成是的說法

你一定看過廚師們煎燉烤時,在肉上澆淋大量肉汁;你也一定聽過有人說烹調期間務必澆淋肉汁以保持肉塊滋潤,聽到耳朵都長繭了。

澆淋肉汁的眾多優點自有其道理,但絕不是為了「滋潤肉塊」,這個觀念完全錯誤。

肉汁只會留在表面

如果你在家的時候剛好下雨,房子濕淋淋,雨水甚至沿著屋頂排水管流下。但是身處室內的你渾身乾爽,因為雨水不會穿透屋頂。

淋在肉上的肉汁,好比落在房屋上的雨水不會進入屋內。

肉汁淋在肉上時,肉中的水分經常引起噴濺。肉的表面一接觸到熱度超過100℃的油脂,水分即化為水蒸氣並炸開。

澆淋肉汁時究竟發生什麼事？

1

烹熟肉的上方

肉周圍的油脂溫度極高，非常熱燙。澆淋肉汁時，滾燙的油脂會燙熟肉的上方，可使肉的上下熟度更平均。效果有點類似烤箱：上下同時加熱。

 滾燙的油脂也能烹熟肉的上方。

2

創造香脆口感

澆淋熱燙的油脂還有另一個好處：以高溫燙熟上方，可避免肉中水分和周圍的水氣使表面過軟。同時為肉的內部創造「濕度飽和溫度*」（température humide），使水氣留在其中加熱。濕熱的烹煮速度比乾熱更快，因此可縮短烹調時間。

*編註：指濕度飽和狀態下，以濕氣做為導熱介質的熱傳遞方式。

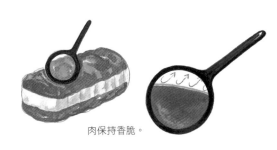

肉保持香脆。

3

增添風味

肉受熱時會在鍋底形成許多美味的汁液精華。每次澆淋肉汁，等於將精華焦汁淋在肉上。雖然肉汁會再度流回鍋底，不過總有一部分會留在肉上。這就是眾人所謂的「滋潤」肉。事實上汁液精華並不會滋潤肉，只是留在肉上罷了。

 汁液精華被淋在肉上，增加風味。

澆淋奶油

終於有值得一提的事了。這個手法巧妙無比、超群絕倫、堪稱鬼斧神工，讓你的料理美味三級跳，那就是肉煎上色後加入奶油。

爐火稍微轉弱避免奶油燒焦，放入大蒜、百里香、迷迭香或其他你喜歡的香料。直到烹煮結束前都要不斷澆淋。奶油和肉一起加熱產生的鍋底精華，比只用植物油更美味，令人神往。又解開星級大廚們的祕密了，他們應該不會太開心☺

奶油融化後可加熱肉，產生更多鍋底精華和風味。

肉的靜置

你是否曾切開肉，結果肉汁流的到處都是呢？用鋁箔紙包起靜置可以避免流失肉汁的事件重演。但其實還有更聰明的做法……

為什麼肉要靜置？

讓我們開門見山，談談普遍以為的事吧：不同於常見說法，靜置並不會使肉「放鬆」。因為肉一點也不緊繃，它根本不緊張啊！

烹煮時，肉會蒸發部分水分；表面受熱變乾，變乾的同時也會變硬。肉離火以鋁箔紙包起靜置時，較乾的部分吸收中心尚未流失的汁液，有點像吸墨紙吸收墨漬。最重要的是，隨著肉稍微冷卻，汁液也變稠。汁液越稠，切肉時也就越不易流出。

肉中汁液在受熱時會化為蒸氣，使肉變乾硬。肉底部冒出的縷縷白煙就是肉的水分正在蒸散。

靜置肉的時候會發生什麼事？

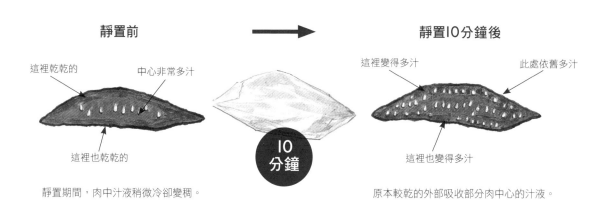

靜置前

靜置10分鐘後

這裡乾乾的　　中心非常多汁

這裡變得多汁　　此處依舊多汁

這裡也乾乾的

10分鐘

這裡也變得多汁

靜置期間，肉中汁液稍微冷卻變稠。

原本較乾的外部吸收部分肉中心的汁液。

如何靜置肉？

方法非常簡單：用鋁箔紙包起肉，然後……靜置。多包兩三層鋁箔紙也沒關係，保溫效果更佳。

越厚
越保溫

靜置多久？

「靜置時間等於烹調時間」這件事完全沒有科學根據。很簡單，視肉的厚度而定：偏薄的牛排靜置5分鐘，肥美的肋眼10分鐘，其他部位靜置15分鐘綽綽有餘。

熱度傳導的慣性

你一定會說，上桌的時候肉都不熱了。這句話不完全正確。

騎腳踏車時，即使停止踩踏板，腳踏車會立刻停止嗎？當然不會，它還是會繼續前進。

肉裡的熱度亦然，仍會一波波地進入內部。停止加熱後，熱度並不會戛然而止，仍會逐漸進入肉的內部。

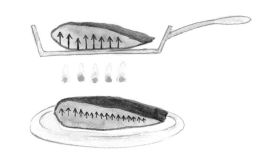

何時靜置？

最常見的做法是在烹調後靜置。沒什麼不對。但是有更好的做法，這又是另一個祕訣：「肉全熟之前」就開始靜置。別擔心，其實非常簡單，家裡有客人的時候更方便。

如果全熟後才靜置，金黃香脆的外皮會吸收肉的部分水氣，變得濕軟。

烤雞

烤雞常使用此方法。真正的奧祕就是，烘烤結束前15分鐘取出靜置，汁液充分進入雞肉並變稠。肉並不會冷卻，不過雞皮會失去脆度。這時候烤箱溫度轉至240℃的高溫，放入烤雞烘烤10分鐘，重新烤乾雞皮，使其金黃香脆。

超讚

其他肉類

其他肉類的技巧完全相同。烹調完成後靜置，香脆的外表會變得又濕又軟，這麼做太蠢了！肉全熟之前即取出，應用剛剛教過的小祕訣：靜置後用煎烤盤、平底鍋或極高溫烤箱烤乾外層，恢復香脆口感。

如果烤雞在全熟前靜置，再以極高溫度續烤，汁液已經變稠且充分進入雞肉，皮也恢復香脆。

讓肉更多汁

除了提前抹鹽，還有另一個厲害的技巧可增加肉的軟嫩度，而且更多汁。注意，此原理幾乎與一般認知背道而馳。其實要戳刺肉。不相信嗎？

為什麼肉受熱會流失肉汁？

你曾經不小心把羊毛衣丟進洗衣機，而且還用60℃清洗模式嗎？結果呢？毛衣縮水了……

烹肉的時候正是如此：膠原蛋白受熱收縮，就像用溫度過高的水清洗羊毛衣。收縮的同時，膠原蛋白擠出肉中汁液，使其變乾。這就是「七分熟」的肉比「三分熟」的肉硬實的原因之一。

纖維緊縮。　　　　　　　　　　　　　　汁液由纖維兩端擠出。

為什麼要戳刺肉？

烹煮前用粗針（約注射器針頭粗細）戳刺肉，可打斷膠原蛋白纖維。烹煮時，斷掉的纖維收縮程度降低，擠出較少汁液，因此肉更軟嫩。

意外的收穫

烹煮時，一種叫做肌球蛋白的蛋白質會改變結構。與肉汁精華混合後，肌球蛋白會使肉汁變濃稠。肉汁變稠後，自然較不易流出，肉當然就更多汁啦。炙烤或烘烤時因為溫度高，此原理更明顯。

各處的肌肉纖維被切斷，因此收縮程度小，只會擠出極少量汁液。

炭烤時，肉上的細小針孔可使煙燻更深入，因此風味更佳。美味無比！

如何戳刺肉？

戳刺方向必須與肌肉纖維垂直，才能真正發揮功效。觀察肉塊，即可清楚看見呈細長條的纖維方向，走向完全相同。以下幾個例子將有助了解：

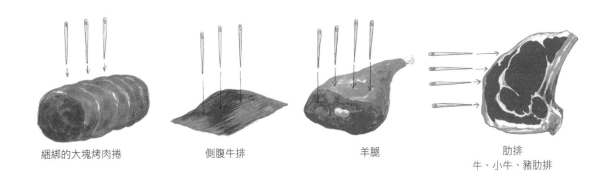

綑綁的大塊烤肉捲　　　側腹牛排　　　　　羊腿　　　　　　　肋排
　　　　　　　　　　　　　　　　　　　　　　　　　　　　牛、小牛、豬肋排

紅色的汁液是血嗎？

又一個積非成是的說法

是否聽過無數次，不可戳刺肉以免血液流出？

拜託，你從肉店買來的肉裡已經沒有血了；牲口經過放血，血流光啦！流出來的汁液雖然是紅色的，但事實上並不是血。

肌紅蛋白，又一種蛋白質……

肉的顏色來自一種稱為肌紅蛋白的紅色蛋白質；肉汁的顏色就是肌紅蛋白造成的。

肉的顏色取決於肌紅蛋白的含量：野牛和野鴨擁有大量肌紅蛋白，牛隻含量次之；小牛、雞和火雞含量極低。這就是為何牛肋排的汁液呈深紅色，小牛為粉紅色，雞或火雞的汁液則是透明的。其實和血毫不相干！

要是你家小孩再說：「*好噁喔！這塊肉裡有血！*」你就可以解釋給他們聽了。

汁液顏色取決於肌紅蛋白多寡

肌紅蛋白就像水杯中的石榴糖漿：加越多水越紅。肉也是如此，肌紅蛋白越多，肉色越紅。

加入少許石榴糖漿，水呈淡粉紅色。
=
肌紅蛋白少：
肉呈淡粉紅色，如小牛肋排，汁液也是淡粉紅色。

加入許多石榴糖漿，水變成深紅色。
=
富含肌紅蛋白：
肉色深紅，如牛肋排，汁液也是深紅色。

如何產生更多精華？

肉在烹煮時會流出汁液，我們稱之為「組織液」。汁液流出時帶來許多
鮮美成分，一滴都不能放過，否則就是犯罪！

平底鍋、煎鍋、燉鍋

肉接觸滾燙鍋具時，表面即滲出汁液。水分蒸散後，其中的鮮美成分濃縮集中並轉為褐色，我們稱之為「焦
糖化」（caraméliser）。由於肉會略微沾鍋底，沾黏的肉屑也能帶來許多風味。

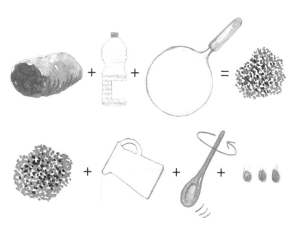

如何創造更多鍋底精華

肉先略抹油再下鍋煎香：

可使梅納反應增強數倍，形成更多鍋底精華。油抹薄
薄一層就足夠，我們不是要炸肉！

選用材質佳的平底鍋：

不沾鍋形成的鍋底精華極少，因為肉不會沾鍋，熱
度也不夠。鐵製或不鏽鋼平底鍋則可產生許多鍋底精
華。

取得鍋底精華

取出肉，鍋中倒入少許液體融化鍋底精華，就能洗起
所有沾在鍋底的碎屑。加熱2、3分鐘，同時輕刮鍋
底，一點都不要剩下。

水煮

水煮時，部分肉的精華會流失到水中。

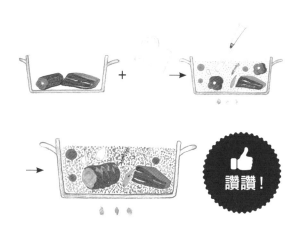

讚讚！

如何創造更多汁液精華

肉先煎至上色：
上色產生的汁液精華將融入湯汁，更添美味。

煮肉的水是否加鹽：
若不加鹽，肉一大部分精華將會進入湯汁，湯汁變得
美味。

反之，若希望肉保有鮮美滋味，則在烹煮一開始就要
加鹽，減緩肉的精華進入湯汁。

烹煮途中加鹽則是不錯的中庸之道。

烤箱

烤箱烹調的原理相同：肉的表面形成精華，流到烤盤底。

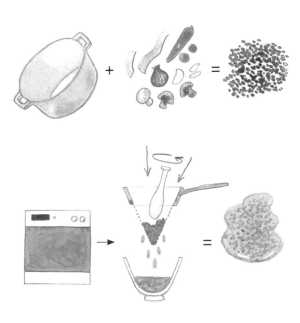

如何創造更多汁液精華

肉先略抹油再烹煮：
如同煎烤，薄薄一層油膜可有效增加汁液精華量。取烤盤底部的肉汁淋肉的同時，等於將流下的汁液精華淋回肉上。

記得向肉販要一些邊角肉：
邊角肉淋少許油後，和肉一起放入烤盤，也會煎烤至金黃上色，產生大量汁液精華。

也可加入胡蘿蔔、洋蔥、蘑菇、大蒜、百里香等，都會形成汁液精華。

選擇最適合的器皿材質：
烤盤材質至關重要：鐵器和不鏽鋼可快速形成許多汁液精華；陶瓷和玻璃器皿汁液精華效果略遜於前者。

取得汁液精華

取出肉，烤盤中加入2、3大匙液體，刮起鍋底精華後續烤5分鐘。接著汁液連同香料蔬菜一起倒入網篩或細網濾勺，以湯匙背面或研磨棒用力壓出汁液，萃取鮮美滋味。如此就能取得所有鍋底精華，一丁點都不浪費！

燜肉的湯汁

燜肉時，肉當然也會釋出汁液精華，流入煮汁。烹調過程中，煮汁蒸發後在鍋蓋凝結，滴落在肉上，帶回流失的精華。放在鑄鐵鍋底的蔬菜和香料也會產生精華和汁液。

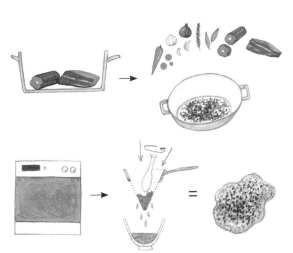

如何創造更多汁液精華

肉先以燉鍋煎至上色：
可產生汁液精華，燜煮時融入煮汁。接著放入蔬菜和香料，送入烤箱。

選用鑄鐵材質燉鍋：
可生成更多輻射熱，增加汁液精華量。

取得汁液精華

同烤箱料理，料理完成後將煮汁連同香料蔬菜倒入細網濾勺，充分擠壓，榨出所有汁液。接著汁液倒回燉鍋，以中火加熱5至10分鐘收汁，使水分蒸發，濃縮風味。

溫差這件事

食譜常說，必須「在料理前30分鐘從冰箱取出肉，避免烹調時的溫差使肉變硬」。錯了，原因如下……

原因不在肉的溫度

以下兩個例子證明這個觀念多荒謬：

情況1
從冰箱取出肉，靜置室溫1小時，接著用網格煎烤盤以240℃煎烤。
溫差為240℃-20℃＝220℃

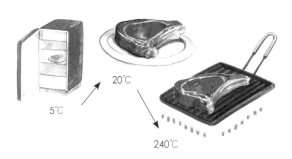

情況2
從冰箱拿出肉，直接放上200℃的網格煎烤盤。
溫差為200℃-5℃＝195℃

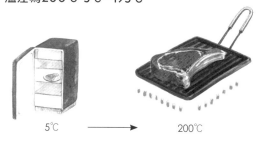

這兩個例子的溫差皆接近200℃，然而完成的肉都同樣軟嫩。因此關鍵並非肉的溫度，而是網格煎烤盤的溫度和烹調時間的長短。

溫差使肉上色效果絕佳

其實，我們追求的正是溫差！解釋如下：

選項1
煎側腹牛排時，你會選擇溫的還是熱的平底鍋？當然是熱的，甚至非常燙，如此側腹牛排才能煎的金黃漂亮。

肉碰到熱燙的平底鍋，變得香脆。

你無意中追求的就是能使肉「焦糖化」的溫差。

選項2
同一塊側腹牛排，如果平底鍋是溫的，溫差就沒那麼劇烈。

肉碰到溫熱的平底鍋，雖然會熟，但無法煎的香脆可口。

老實說，你要選溫差大又金黃香脆的肉，還是溫差小又軟趴趴的肉？

結論
溫差根本不會使肉變老變硬，反而有利於煎出香脆多汁的肉，而且是必要條件呢。

事實上，肉會變老是由於蛋白質受熱扭曲，擠出內部汁液所致。因此比起三分熟，全熟的肉較乾柴。

乾熱vs濕熱

你我都曾有將手放進極高溫的烤箱數秒鐘，卻一點也沒燙傷的經驗。
試試把手放在一鍋沸水上方，溫度比烤箱低多了，但感受卻大不同……
差別就是熱傳導的效率。且聽我解釋……

兩個例子讓你立刻懂

1 如果以90℃的溫度蒸全雞，約需要1小時15分鐘到1小時30分鐘。不過如果放進90℃的烤箱，至少需要6小時才能烤熟。兩個情況皆以90℃烹煮。

唯一的差別，就是潮濕的空氣可更快烹熟。

2 一整瓶粉紅葡萄酒放進冰箱，至少需要1小時才會涼透。如果酒瓶放入冰水，不消15分鐘酒就冰涼了。

同理，水導冷的速度比空氣快。

道理為何？

空氣傳熱的效率非常非常差，有時會利用此特性做為建築牆壁的隔熱層。反之，潮濕的空氣傳熱效果非常非常好。傳導熱度的差異稱為「熱傳導係數」。

我知道聽起來很拗口……但是記住，極濕空氣的傳熱速度是極乾燥空氣的1,000倍以上。

所以呢？

這就有趣啦！烤箱底放一個裝滾水的烤盤，就能讓烤肉更快變熟。這些水會變成蒸氣，提高傳熱效率，使肉更快熟。

烹調完成前，打開烤箱排出濕氣，接著啟動電熱管烤至金黃。

又解開一個大廚們的祕密了！

那清蒸呢？

以清蒸法烹肉（切小塊、肉丸等）時，將蒸盤放在滾水上方幾公釐處，浸潤在真正的水蒸氣中，較高處就會變成水氣。蒸煮速度會加快10倍，而且品質完全不變。

水蒸氣vs水氣

水蒸氣和水氣經常被混為一談。
一鍋沸水冒出的白煙不是水蒸氣，而是水氣。水氣混合空氣和懸浮的微小水珠，是可見的。
水蒸氣則是熱空氣和氣態水的混合，是不可見的。

從其所在，知其炊事

食譜會明確寫出料理的溫度與時間，還算有點幫助。只不過這些溫度和時間必須依照烹煮地點和季節微調。咦？從來沒人告訴你嗎？

簡易物理課

我們身處的海拔越高，水的沸點越低。而水只要沸騰，溫度就無法再升高。

同時，身處的海拔越高，就必須拉長燉煮肉的時間。在海拔2,000公尺處煮蔬菜牛肉鍋花的時間比在海邊更長，因為水溫不會高於93℃，也就是水在此處的沸點。

70℃
聖母峰
8848m

84℃
白朗峰
4809m

93℃
2000m

100℃

0m

水的沸點因海拔而改變

在山上

山區的空氣比海邊乾燥許多，以烤箱烤肉時必須考慮到這一點，因為乾燥空氣的傳熱效率較潮濕空氣差。

另一個困難：由於空氣乾燥，肉的表面很快就會烤至金黃乾燥，但是內部烹熟的時間卻沒有變快。因此在山區料理時，溫度會比海平面稍低，所以要拉長時間，才能烹煮出多汁的肉。

不僅如此，我們對風味的感覺也會改變，因為口腔和鼻腔較乾燥。不過每個人的身體反應不一，有些人必須加大量的鹽，有些人則只需多加一點就足夠。這就是為何飛機上的料理通常較多辛香料，為的是要轉移我們對鹹味多寡的注意力。

潮濕的地區

潮濕的空氣傳熱效率遠勝於乾燥空氣。就像如果用充滿水氣的烤箱烤肉，就能縮短烹煮時間，不過肉的上色效果較差。

以紐約為例，冬天極乾，夏天則非常潮濕。此濕度落差對烹調時間長短有顯著影響：冬天烤羊腿或烤全雞需要多10分鐘，即使烤箱內部溫度完全相同。

煮湯汁，該不該放骨頭？

食譜常說，在湯汁或高湯裡放骨頭更添鮮美滋味。但是骨頭是否真的
能帶來風味？或者只是「積習成俗」？

骨頭的鮮味來自何處？

骨頭4/5的成分是鈣。骸骨中的鈣即使經過數百年都
不會溶化，當然也不會在幾小時內就溶於水中。因此
骨頭完全無法為湯汁增添鮮味。那風味來自何處？

 來自骨頭上

骨頭上黏著許多細小肉屑。不過微乎其微，大
概幾公克吧。

2 來自骨頭裡

骨頭形形色色色，有長有短，還有肋骨……長長的四
肢骨和扁扁的肋骨中央帶有骨髓。這才是鮮美風味的
來源。

3 來自骨頭末端

關節處的骨頭末端圓滑並且包覆
一層軟骨，能增添滋味與湯汁質
地，有點像膠原蛋白融化後產生
的膠質。

聽起來很不錯，但該怎麼做呢？

即使將最高級的骨頭丟進湯汁，也沒有太多益處。真正使其帶來風味的關鍵，在於骨頭放入湯汁**之前**先
烤至上色。

先進烤箱…… ……再進湯汁

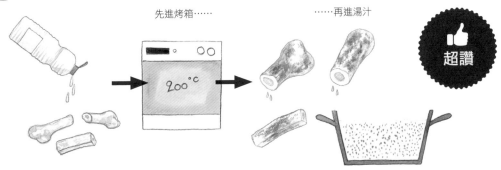

超讚

骨頭淋薄薄一層油，放入烤箱以200℃烤1小時。骨髓經過烘烤已開始融化，產生精華；骨頭上的肉屑和軟骨也
已變得金黃。這樣的骨頭才能為你的湯汁帶來美味。

梅納反應

梅納反應是還原糖和胺基酸之間的反應，可分為三階段。不過真的一點也不難懂。

小歷史

路易－卡密·梅納（Louis-Camille Maillard）生於1878年，是一位法國醫生。16歲考過高中畢業會考，19歲取得科學相關學士文憑，研究的是腎臟病理學，和料理世界毫不相干！研究過程中，他觀察了許多糖和胺基酸之間的反應，獲得極有趣的全新發現，並以自己的名字為其命名。但是往後數十年間，他的研究逐漸被遺忘。直到第二次事件大戰期間，美國軍隊百思不解，為什麼有些士兵的食物久放後變成褐色。後來得知轉為褐色正是梅納反應之一。就這樣，路易－卡密·梅納的研究成果重見天日，不只嘉惠美食界，還有藥品或石油產業，廣泛應用在日常生活中。

正點！

科學解釋

加熱時，肉中的還原糖和胺基酸形成鏈結，創造許多全新分子，流失水分，產生希夫鹼（base de Schiff）類分子。若繼續加熱，糖－胺基酸的鏈結逐漸改變，加速流失水分，形成經阿馬道里（Amadori）與漢斯（Heyns）結構重組反應形成之產物。接著產生史崔克降解反應（dégradation de Strecker），形成褐色物質，產生強烈香氣成分。很簡單吧？☺

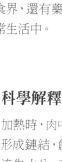

白話解釋

烤雞和烤肉令人食指大動的香氣、烤麵包的脆皮等，都是梅納反應的表現。

關於熱度

梅納反應不同於一般說法，其實不需加熱，在室溫時就已緩慢展開。例如生火腿在通風處風乾顏色逐漸變深，就是梅納反應造成的。

溫度提高時，反應速度也會加倍。每升高10℃，反應速度增加100倍。

肉的外表從室溫的20℃增加到130℃時，反應速度就會增加10,000,000,000,000,000,000倍。很厲害吧？

肉開始變乾，並且外表溫度超過130℃時，便會急速產生反應。

如果繼續升高外表溫度直到超過180℃（我是指肉的溫度，而非平底鍋或烤箱），這些反應就會讓位給稱為「裂解」的新反應，高溫分解食物。

你知道裂解是什麼嗎？就是具高溫自清功能的烤箱原理所在……

牛肋排幫你理解梅納反應

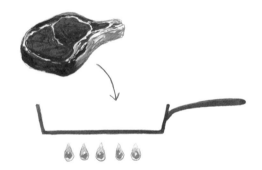

1 牛肋排放進熱燙的平底鍋。

滋！
滋！

2 受到高溫，還原糖和胺基酸形成鏈結（肉眼不可見）。鏈結開始流失水分，縷縷白煙就是正在升騰的水。

3 水分流失，白煙變多。
廚房逐漸盈滿香氣。
肉的下方顏色開始改變，由紅轉灰。

4 水分繼續流失，肉的表面變乾，開始上色。
香氣越來越誘人。
肋排從灰色變成讓人流口水的迷人深褐色。

梅納反應

可恥！遜 絕對要避免的事

① **溫度過低**

當然，如果熱度不足，梅納反應也會極少。試試用小火將牛排煎至金黃：還來不及產生梅納反應，肉就已經太熟了。所以，開大火吧！

100℃
太遜啦！！

② **溫度由低至高**

若烹調一開始火力太弱，接著轉至強火，肉表面的蛋白質將開始凝結，再也無法受梅納反應而變化，之後也很難煎至金黃。因此，一開始就要開大火！

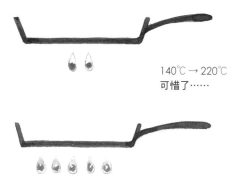

140℃ → 220℃
可惜了……

③ **水分過多**

水分過多會阻礙產生梅納反應。因此絕對別將烤肉或烤雞放在液體中（除了液態油），除非你不希望太過金黃香脆。這也是為何肉常先煎至上色才燜燉。

④ **酸性醃漬汁**

酸度會大幅減緩梅納反應產生。因此，浸泡過紅酒等酸性醃漬汁的肉無法在烹調過程中上色，即使下鍋前經過沖洗並擦乾亦然。

這沒救了……

別再說肉變褐色是因為梅納反應，固然是原因之一，不過還有許許多多其他因素……

優秀的梅納反應的必備條件

① **熱度**

首先我們需要熱,非常非常熱:平底鍋、煎鍋或網格煎烤盤至少要180℃,才能快速產生第一階段反應。

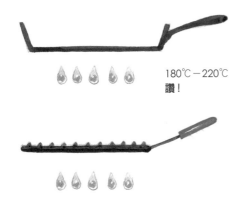

180℃-220℃
讚!

② **油脂**

我們需要糖、胺基酸、水。這些肉裡都已經有了。不過若加入油脂,就能提高熱傳導效率,進而加速反應。這就是為何比起未抹油的肉,抹油的肉上色效果更快更好,而且也更均勻。

真聰明!

③ **可以有水,但不能過多!**

如同前面提過,水是必要的,但不可過多!肉的含水量約70至80%,但是梅納反應在含水量30至60%時效果最好。

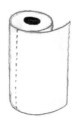

以下兩個重點有助達成目的:

下鍋前以廚房紙巾吸乾肉的水分。

或

從冰箱拿出肉,放在網架上2至3小時,使外表開始乾燥。

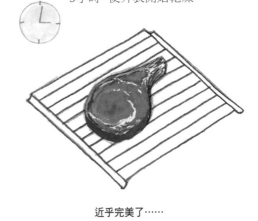

近乎完美了……

產生梅納反應能賦予肉更多風味與香氣,而且外香脆內多汁,迷人的口感如糖果般可口。

油脂，不只是油脂！

烹肉時，其中部分油脂會融化並產生許多風味。少了油脂，牛肉、豬肉或雞肉的味道就幾乎沒有分別了。沒有脂肪就沒有滋味，或者極少……

烹調時

如果你選擇用鴨油而非花生油煎馬鈴薯，一定是為了讓馬鈴薯有鴨的味道。用芝麻油而非橄欖油拌沙拉亦然，是為了有烘炒芝麻的香氣。無論如何，雖然都是油脂，風味卻截然不同。肉的油脂也是如此，烹煮時在油脂作用下，肉才產生風味。

油脂的另一個優點，是烹調過程中融化的同時，能阻止肉內部的溫度太快升高，以免過熟變得乾柴。例如小牛或豬肋排油脂少，如果烹煮時間過長很快就會乾柴。

烹肉時，油脂會融化，變成糖、胺基酸、醣類等的混合，形成無數分子，產生連鎖反應。這些反應生成許多風味與香氣，是肉的滋味主要來源。

烹煮後

口腔裡的活動非常神奇：人體竟然能賦予肉更多滋味。

咀嚼時，口腔充滿肉的油脂和汁液精華。唾腺開始全速運作，分泌更多唾液。由於口中有更多液體與油脂和肉混合，使我們感覺肉比實際上更多汁。

總而言之，肉的多汁口感有一大部分來自我們的口腔作用。

6個唾腺

1
咀嚼前，肉塊僅散發少許風味與香氣。

2
咀嚼時，我們切斷並壓碎肉塊，因而產生更多風味與香氣。

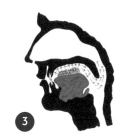

3
6個唾腺（口腔中一邊3個）開始瘋狂運作，分泌大量唾液。

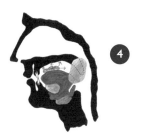

4
唾液與小塊食物混合。由於有更多液體，肉塊、唾液、味蕾和鼻腔嗅覺黏膜之間的交換面積也更大。此時口中滿滿的風味與香氣，放大肉的滋味。

50年前，人們會在肉塊周圍加上豬脂，一如大塊烤肉。這麼做是有原因的：彼時的豬肉比現在老多了。加入油脂可讓大腦認為肉比實際上更加軟嫩多汁。

各牛種的滋味差異主要與油脂有關。少了獨特的油脂，夏洛萊牛、安格斯牛、海弗特牛，甚至諾曼地牛，吃起來就沒什麼不同……

選擇油花

務必選擇帶肌內脂肪——即俗稱的油花——的部位，避免肉淡而無味。

菲力雖然肉質極軟嫩，風味卻乏善可陳，而充滿油花的肋眼則較美味。

各界意見

今日，科學家們爭論在酸、甜、苦、鹹主要味覺之外，是否該加上「油脂風味」。

牛肉脂肪的色澤透露其吃下的食物：若顏色略黃，代表牛吃的是牧草；若顏色雪白，表示牛吃玉米飼料肥育。脂肪的黃色來自青草中的胡蘿蔔素，你知道的，胡蘿蔔的橘色一部分就是來自胡蘿蔔素。

很酷吧？

對動物而言，脂肪是必須額外花費體力或食物供應不足時的儲備能量。1公斤脂肪帶來的能量之於牛，等於1公斤的汽油之於汽車。

肋眼周圍的脂肪嚴格來說並不是動物油脂。這些白色組織除了油脂，也含有蛋白質和膠原蛋白。整塊脂肪相當結實，難以嚼食。必須戳刺無數次破壞脂肪細胞，才會變得柔軟可口。

膠原蛋白是什麼？

人人都在討論膠原蛋白（collagéne）……聽到耳朵都長繭的膠原蛋白究竟是什麼？老實說，真的非常簡單！

膠原蛋白既是繩子……

膠原蛋白的結構有如繩子，先以3股細線捻捲而成。接著揉合許多捻起的細線，再揉合更多細線……直到變成一條超級堅固的繩子。

……也是緊身衣

這些繩子集中後，在肌肉纖維周圍形成緊身衣，使其彼此緊靠。

不僅肌肉纖維，連肌肉纖維束、纖維束的纖維束等周圍都有緊身衣，直到包起整塊雞肉。

肌外膜
肌束膜
肌內膜

為什麼膠原蛋白這麼難搞？

加熱時，膠原蛋白緊身衣收縮，擠壓出肌肉纖維內的汁液。

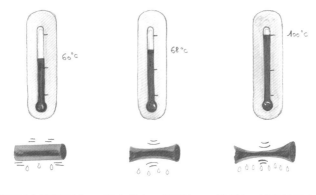

膠原蛋白變硬但尚未收縮。擠出極少汁液。

溫度越高，越緊縮。

越緊縮，越是擠壓出大量汁液。

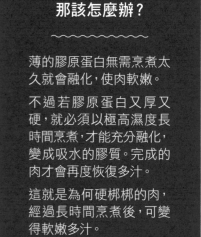

那該怎麼辦？

薄的膠原蛋白無需烹煮太久就會融化，使肉軟嫩。

不過若膠原蛋白又厚又硬，就必須以極高濕度長時間烹煮，才能充分融化，變成吸水的膠質。完成的肉才會再度恢復多汁。

這就是為何硬梆梆的肉，經過長時間烹煮後，可變得軟嫩多汁。

嫩肉？硬肉？差別在那裡？

很簡單！有些肌肉運動量大，有些肌肉比較懶惰、運動量較小。它們的構造不盡相同，因此軟嫩結實有別。

關於肌肉紋理

你聽過肌肉紋理嗎？業界人士用這個名詞形容肌肉纖維的結構和大小，也就是纖維的粗細。

肌肉做越多耐力和（或）等長收縮，纖維就越肥、厚、粗、短。

相反的，肌肉運動量越少，其纖維越細長。

勤勞肌肉的纖維肥厚，比懶惰肌肉的細長硬實許多，難以咀嚼。這就是肉質硬或嫩的原理。

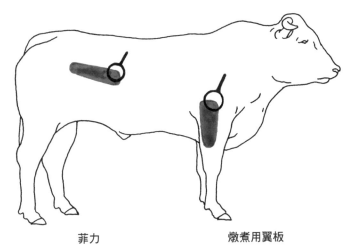

菲力

連一天都沒動過，超懶惰！

燉煮用翼板

支撐幾乎牛隻1/4的體重，而且還要負責走路。

又是膠原蛋白……

運動量少的肌肉纖維周圍的膠原蛋白又薄又軟，運動量大的肌肉纖維周圍的膠原蛋白又厚又硬。因此要視肉的特性選擇適合的烹煮方式（快速或長時間）。

懶惰的肌肉＝
紋理細緻

勤勞的肌肉＝
紋理粗糙

紋理細緻＝
膠原蛋白薄細＝
嫩肉

紋理粗糙＝
膠原蛋白厚實＝
硬肉

味覺二三事

肉的味道真的是由口腔感知嗎？當然啦！不用猜也知道。不過鼻塞時，卻幾乎感受不到食物的滋味了。沒錯，這也是真的。究竟怎麼一回事？

鼻塞就沒味道了，好怪啊……

你我都曾經歷過，感冒時食不知味。

即使是已經吃過無數次的、岳母大人的美味烤羊腿，這個時候竟變得沒有味道。然而，即使我們感受不到，但味道並沒有憑空消失。岳母大人也沒有一夜之間喪失好手藝。

那到底是怎麼回事？主要是因為一大部分的風味並非由口腔感知，而是透過鼻腔。口腔接收味道，鼻腔深處則接收香氣。

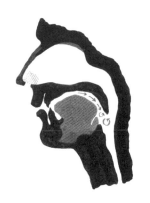

鼻塞時，空氣無法移動。香氣無法前進至嗅覺黏膜，僅停留在口中，使得肉喪失風味。

其他必知重點

油脂

取一塊油脂少的肉。咀嚼時，油脂會在味蕾上形成一層薄膜。這層薄膜會降低味道的細緻度，卻能拉長感受時間，我們稱之為餘韻。因此，你可以選擇撈去蔬菜燉肉鍋湯汁表面的油，使風味更細膩；反之，也可保留油脂，選擇較不鮮明但更綿長的味道。

聲音

我們嚼肉時的聲音也同樣重要。經過口腔、鼻腔與前額的三叉神經接收牙齒碾磨肉的震動。大腦分析這些震動，向我們發出「香脆的肉」的訊息，同時間口腔和鼻腔辨識味道與香氣。隨著人的老化，三叉神經傳達給大腦的訊息減少，因此感覺食物味道比實際上淡。真複雜啊！

咀嚼

牛菲力吃起來不如側腹牛排鮮美，因為前者極軟嫩，咀嚼時間短。咀嚼可使唾液分布在食物上，唾液可增加味道與香氣的傳遞物質，因此唾液越多，肉也形成更多風味。這就是為什麼手切轆粗牛排比絞肉做的更鮮美可口，因為前者需要咀嚼，而絞肉還沒嚼就吞下肚了，風味顯得較少。

> ### 風味是多重感官集合！
>
> 風味感受結合了由舌頭感知的味覺、透過鼻子感受的香氣，還有咀嚼的知覺。

咀嚼時，味蕾辨識部分味道，同時間香氣進入口腔深處，上升至鼻腔的嗅覺黏膜。

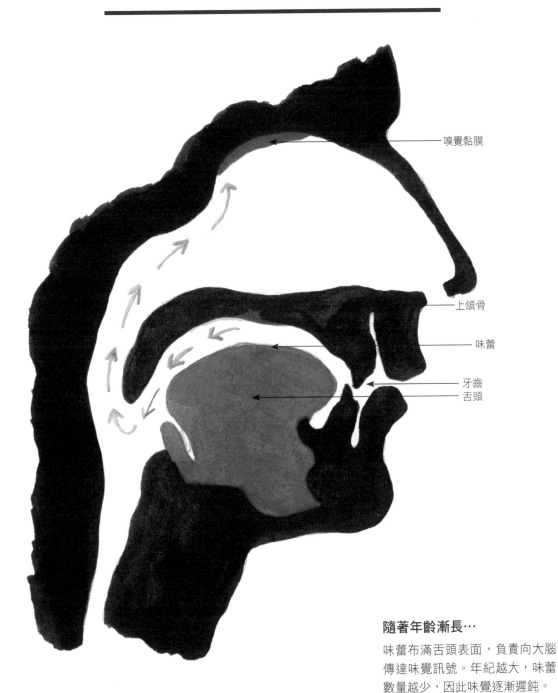

嗅覺黏膜

上頜骨

味蕾

牙齒
舌頭

隨著年齡漸長⋯

味蕾布滿舌頭表面，負責向大腦傳達味覺訊號。年紀越大，味蕾數量越少，因此味覺逐漸遲鈍。

說肉

肉色

風味

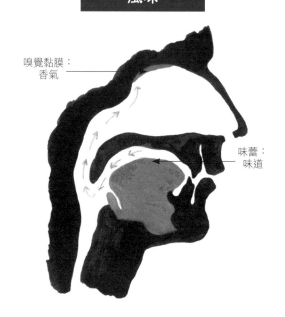

肉的優缺點難以一言以蔽之，希望下列這些重點對你有幫助。

知識面

美麗的紅色或粉紅色與肉中的蛋白質顏色有直接關係，即肌紅蛋白。肌肉中的肌紅蛋白越多，紅色就越深濃。肉的保存期間，肌紅蛋白會氧化轉為褐色，因此肉的紅色也越來越深。不過肉色也和不同部位的肌肉有關，如側腹牛排的肌紅蛋白含量較高，因此肉色較沙朗深。

為什麼烹煮時肉色會改變？

蛋白質受熱時會變性，肌紅蛋白也不例外，顏色先變灰再轉為褐色。這就是為什麼美味的烤肉切片時，全熟的外表是深褐色，熟度中等的部分為灰色，最生的部分則是紅色。牛肉肉色較小牛或豬肉鮮紅，因為其肌紅蛋白含量較高（並非肉裡含有較多血）。

知識面

風味是味道與香氣的混合。咀嚼時，口中味蕾接收到非揮發性分子產生味道，而揮發性分子則因咀嚼，香氣上升至鼻腔中的嗅覺黏膜。不僅如此，唾液也對產生風味功不可沒，並可稍微延緩香氣上升。

為什麼肉這麼美味？

肉的風味主要來自肌肉內的脂肪，也就是油花。肌內脂肪越多，風味也越濃郁。

烹調過程中，部分脂肪（又是脂肪！）氧化，產生大量誘人香氣與味道，而且還能抓住部分較易揮發的成分。

認識所有左右肉質風味的知識，終於可以討論肉的優劣，不是很棒嗎？不僅肉本身的品質，品嘗的條件也很重要呢。

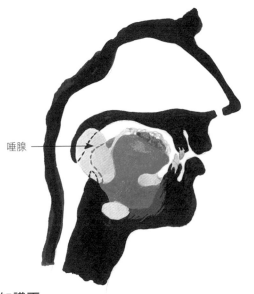

唾腺

硬肉（膠原蛋白厚）　　　嫩肉（膠原蛋白薄）

膠原蛋白是裹住肌肉的纖維狀結構。

知識面

多汁口感來自咀嚼時口腔中液體的多寡。多汁口感第一個來源是肉自身的汁液精華；其次來自唾液，並且與肌內脂肪（又是油花！）有直接關係，因為脂肪可刺激唾液分泌。因此肉的多汁口感不僅來自肉本身，我們分泌的唾液也同樣重要。

如何讓肉鮮嫩多汁？

說真的，一點都不難：
嫩肉熟得快，千萬不可過熟，以免肉變得老硬乾柴。因此務必大火快煎。
硬肉則大不相同，富含膠原蛋白，烹煮時先變乾，接著吸收先前流失的水分，因此需要長時間文火慢烹。

知識面

軟嫩度和膠原蛋白有關，其纖維狀結構極堅韌，如繩索般捻起，肌肉裡裡外外都有：每一條肌肉纖維周圍、每一條肌肉束周圍，以及每一塊肌肉周圍都是。肌肉的膠原蛋白含量越高，肉質越硬；反之，含量越低則越軟嫩。不僅如此。肉的軟硬度也和膠原蛋白的溶解度有關：微纖維和纖維之間的鏈結越多，膠原蛋白越不易在烹煮過程中溶解，因此肉仍維持硬度。總之，硬梆梆的老肉怎麼煮也不會變軟嫩，燉幾個小時也一樣。

如何保持肉的軟嫩度？

嫩肉經過熟成，能讓軟嫩度更上一層樓。但是過熟才是軟嫩度的頭號敵人。

經典食譜

蔬菜牛肉鍋

蔬菜牛肉鍋的作法非常簡單。雖然烹煮費時，不過還有比它更適合在冬天和三兩好友一起分享的料理嗎？試試這個主廚們私藏的關鍵小祕密，讓你的蔬菜牛肉鍋無懈可擊。

更多解釋請見：
什麼鍋配什麼肉 106頁
鍋具的大小 108頁
肉的尺寸與熟度 132頁
煮 150頁
煮的奧祕 152頁
味覺二三事 182頁
高湯和湯汁 228頁

烹調前一天開始製作，當天完成
準備時間：30分鐘
烹煮時間：料理5小時，湯汁6小時

6人份材料

－牛高湯4公升（見228頁）

→專為此料理製作高湯最理想，不過若沒有時間，也可以提前製作。

－牛小排800公克，以棉線綁起
－牛膝800公克，以棉線綁起
－板腱800公克，以棉線綁起
－帶骨牛骨髓6塊，縱剖
－韭蔥蔥綠1把，洗淨後縱切為二
－粗鹽適量

蔬菜：

－胡蘿蔔6根，削皮
－小蕪菁6個，削皮
－小韭蔥蔥白12枝
－夏洛特（Charlotte）或BF15馬鈴薯6個

醬汁：

－法式芥末醬2大匙
－法式鮮奶油3大匙
－海鹽、現磨胡椒適量

烹調前一天

01

中火加熱高湯，加少許鹽調味後放入牛小排。加熱至開始冒煙，但不可沸騰或微沸，只能偶爾有少許小氣泡浮上水面。熬煮1小時，接著放入牛膝、板腱和剖半的韭蔥，續煮3小時。

→高湯已事先完成，因此不需加入其他蔬菜。

→牛小排需要的烹煮時間較其他部位長。

→若部分肉塊露出水面，倒入與肉齊高的水，將韭蔥蔥綠鋪蓋在肉上。

→以此溫度烹煮，湯汁就不會產生泡沫（也就是大家常說的「浮沫」），肉也會非常軟嫩多汁。

02

稍微冷卻後，肉取出放入調理盤。撈出韭蔥，濾勺鋪上乾淨廚房巾，倒入湯汁過濾。

→熬煮時散落的細碎肉渣會留在廚房巾上，湯汁過濾後會非常澄澈。

03

肉塊放回湯汁中，以韭蔥覆蓋肉塊浮出水面的部分，避免變乾。靜置至隔天。

04

利用這段時間為牛骨髓去血水：調理盆裝水，加入4大匙粗鹽。

→骨頭經去血水處理，烹煮後就不會有令人倒胃口的血絲。

烹調當天

05

使用浮沫濾勺或大湯勺，撈去²/₃表面凝結的油脂。

→油脂比水輕，經過一夜靜置會浮在湯汁表面凝結。雖然油脂能增添風味，但也會形成薄膜覆蓋味蕾，降低對其他味道的感受度。因此必須去除部分油脂。

06

取1公升湯汁放入另一個湯鍋備用，留做醬汁。

07

烹煮蔬菜。料理上桌前1小時，小火加熱裝有湯汁和肉的燉鍋，記得不可煮至微沸。湯肉煮熱後加入胡蘿蔔，30分鐘後放入蕪菁；煮10分鐘後加入韭蔥。另準備一鍋滾水，放入削皮的馬鈴薯，視大小煮20至25分鐘不等。

08

製作醬汁。烹煮蔬菜的同時，將備用的湯汁煮至收乾變稠呈糖漿狀，約剩下半杯分量。

→湯汁收汁時，其中的水分蒸發，煮至濃稠呈糖漿狀時，所有風味將更濃縮集中。

09

加入芥末醬，小火續煮2分鐘收汁，並不停攪拌以去除部分酸度。加入法式鮮奶油，續煮5分鐘收汁，不時攪拌。加鹽、胡椒調味。

10

烤盤倒入至一半高度的鹽，放入烤箱預熱至250℃。

11

骨髓面朝上放入烤盤，稍微壓進鹽中，烤15分鐘至金黃上色。

→骨頭放入滾燙的鹽，上下都能迅速變熱，因此熟度更均勻，世界級的美味！

12

從湯汁中取出肉，切成厚薄中等的片狀後擺盤；旁邊放上骨髓和蔬菜，湯汁和鹽另裝，醬汁放入醬汁盅。接著全部端上桌，別忘了微笑！

雖然製作冗長費時，不過朋友們一定會拜倒在這道蔬菜牛肉鍋下。

最早的食譜

過去的蔬菜牛肉鍋是放在火上慢煮的蔬菜湯，並放入一小塊肉增加味道。肉來自辛勞工作一輩子的老母牛，因此硬得像木頭，目的在盡量煮出肉的所有滋味，而非食用。

現在人們仍以同樣方式製作蔬菜牛肉鍋，盡可能將肉的風味煮進湯汁，但是現代的肉並不會老硬得像木頭。如果還這樣做，不是有點蠢嗎？

更聰明的作法

製作蔬菜牛肉鍋時，水煮的肉讓湯汁充滿豐富滋味，變得可口，肉卻風味盡失。完成的料理湯汁美味，肉卻有些遜色。

蔬菜牛肉鍋的訣竅在於，棄清水而使用高湯（或湯汁）煮肉，由於高湯的風味已飽和，肉便不會流失太多滋味，完成的料理美味更加倍。

東南西北牛肋排

這是最適合分享的肉料理之王。但是注意,至少提前一天在肉上抹鹽,肋排要「站著」進烤箱!讓我解釋給你聽……

更多解釋請見:
溫度和廚用溫度計 110頁
如何正確使用鹽? 112頁
煎牛排之深度報導 158頁
澆淋肉汁 162頁
肉的靜置 164頁
讓肉更多汁 166頁
如何產生更多精華? 168頁
梅納反應 174頁

烹調前一至二天在肉上抹鹽
準備:10分鐘
冷藏靜置:24至48小時
烹調:20分鐘
靜置:10分鐘

4人份材料

- 牛肋排1大塊,約1.8公斤
- 帶骨牛骨髓2塊
- 大蒜5至6瓣,拍扁
- 百里香10枝
- 迷迭香2枝
- 奶油100公克
- 花生油適量
- 白醋適量
- 鹽之花、現磨胡椒適量

烹調前一或二天

01
牛肋排取出包裝,用粗針從側面戳刺肉排約**20**次。

→刺穿牛肉可切斷肌肉纖維,減少加熱時肉汁的流失,因此肉質更多汁。

02
肋排上下和側邊抹上鹽之花,置於網架上,直接放入冰箱冷藏至少**24**小時,最多**48**小時。

→這也是為了使肉保持多汁。鹽分慢慢進入肉,改變蛋白質結構,減少烹煮時流失肉汁。

→肉的表面會稍微變乾,可增加梅納反應,進而使肉更美味。

03
用竹籤從骨頭中取出骨髓;大碗裝水,加入1小匙海鹽和幾滴白醋。

→竹籤插入骨頭和骨髓之間後輕輕轉動,骨髓就會自動分離。

烹調當天

04

烹調前1小時從冰箱取出牛肋排，使其回復室溫。烤箱預熱至250℃。

05

拿出你最高級的鑄鐵燉鍋（平底鍋也可以，不過鑄鐵鍋可以產生更多鍋底精華），加熱至開始冒煙。骨髓切小丁。牛肋排用刷子充分塗刷油（或者用手，效果一樣好）。

06

鑄鐵燉鍋冒煙時即放入骨髓丁，加熱2分鐘使其融化，並不停拌炒。牛肋排脂肪面朝下放入鍋中，煎2分鐘至金黃上色。

→骨髓和肋排的脂肪會融化，使肋排更加金黃香脆。

07

肋排充分上色後取出，脂肪面朝下、骨頭朝上直立放入大烤盤，以烤箱烤15分鐘。如果有探針溫度計，烤至肉的中心溫度達到40℃。燉鍋裡剩下的東西別丟掉，稍後仍需要。

→立起肋排，可使兩面受熱相同，熟度比平放更均勻。而且骨頭產生的精華會流向肉，更添風味。

08

肋排烤熟後即出爐，以三層鋁箔紙包起，靜置10分鐘。

→靜置時會發生三件事：

1. 較乾的外層會吸收少許從中心流出的汁液，恢復多汁。
2. 汁液隨著冷卻逐漸變稠，切肉時較不易流出。
3. 熱度會繼續進入肉的中心，加熱至最理想的溫度。

09

肉靜置的同時，奶油、蒜瓣、百里香和迷迭香枝放入鑄鐵燉鍋，以中火加熱。刮起鍋底所有的精華。

→加熱至些微滋滋作響即可，千萬不可燒焦。

10

肋排靜置完成後拆去鋁箔紙包裝，平放入鑄鐵燉鍋，並加入靜置時流出的汁液。兩面各加熱2分鐘，並不間斷地澆淋奶油。若奶油溫度過高變成淺褐色，可加入一大匙水。

→澆淋越多奶油，肉表面就有更多精華、更美味。因此千萬別吝嗇！

11

肋排加熱後取出切片，擺放在熱烤盤中並淋上燉鍋裡的汁液，撒上鹽之花和現磨黑胡椒。

→注意，這麼美味的肋排可不能隨便切！斜切可垂直切斷肌肉纖維，纖維越短就越容易咀嚼，肉也更顯軟嫩。

將迷死人的肋排端上桌吧，這道美食真是太罪惡啦！

紅酒燉牛肉

一般的作法是以紅酒醃漬牛肉一晚，煎至上色後再加入少許麵粉燜燉。不過將步驟倒過來，麵粉炒香後再加入鍋中其實更好。

更多解釋請見：
鍋具的大小 108頁
完美醃漬汁的祕訣 138頁
燉 157頁
如何產生更多精華？ 168頁

烹調前二天開始準備，食用當天完成
準備：30分鐘
醃漬：1晚
烹調：5小時30分鐘

8人份材料

─ 板腱2公斤，切成60至70公克肉塊，切除中央粗筋
─ 重100公克的牛胸2片，切粗條
─ 沙地胡蘿蔔200公克，削皮切方塊
─ 洋蔥2個，去皮切方塊
─ 大蒜2瓣，去皮拍扁
─ 香料束1束，以韭蔥蔥綠包起並用棉線綁緊
（巴西里梗5根、百里香5至6枝、月桂葉2片對切）
─ 切碎的扁葉巴西里1大匙
─ 布根地紅酒1瓶
─ 波特酒1大匙
─ 牛高湯1公升
─ 麵粉50公克
─ 花生油4大匙
─ 海鹽、現磨胡椒適量
配菜
─ 洋菇300公克，清理後去皮
➔ 洋菇越小越好
─ 珍珠洋蔥24個，去皮
─ 奶油2大匙
─ 糖1/2大匙
─ 巴薩米克醋1大匙

烹調前二天

01
大火加熱大鑄鐵鍋，鍋熱後加入2大匙花生油，放進5或6塊板腱，煎5分鐘直到每一面金黃上色。取出放入大盤備用。
➔ 如果一口氣放入太多肉塊，就無法煎至上色，而是被無法蒸散的肉汁煮熟。

02
所有肉塊上色取出後，紅蘿蔔和洋蔥放入鑄鐵鍋，以小火翻炒5分鐘，取出放進盤中備用。鑄鐵鍋倒入紅酒和波特酒，以中火加熱，一邊刮起鍋底精華。紅酒微微沸騰時點火蒸發至剩下 2/3，靜置冷卻。
➔ 先炒蔬菜再倒酒，就能保留鍋底所有精華，這已經是美味銷魂的高湯啦！

03
肉塊放回燉鍋，接著放入步驟2的蔬菜、拍扁的蒜瓣、香料束及剩下的油，冷藏醃漬一晚。

烹調前一天

04
烤箱預熱至160℃。等待預熱的同時，麵粉放入平底鍋，以中火不斷翻拌乾炒至漂亮的褐色。麵粉上色後（至少需5分鐘），過篩去除結塊。
➔ 乾炒麵粉可使其產生烘烤香氣，讓燉肉汁風味更濃郁。

05
裝有肉塊和醃漬汁的鑄鐵鍋放到爐上，以中火慢慢加熱至冒煙，但絕對不可至微沸。同時間用另一個湯鍋

加熱分量約一杯（約250ml）的牛高湯，開始冒煙後即一口氣倒入炒香的麵粉，並以打蛋器不停攪打，以免結塊。加熱攪打5分鐘後，將高湯麵糊與剩下3/4的牛高湯倒入燉鍋。必要時可加水至與肉齊高。最後將鑄鐵鍋置於已預熱的烤箱中層燉3小時，期間不時攪拌，並確認鍋中湯汁是否足以蓋過肉，可視情況略加水。

→燉鍋放入烤箱後，必須是燉鍋位於中間，而不是放燉鍋的網架位在烤箱中間。

06

2小時30分鐘後，確認肉的熟度。若刀尖能輕鬆刺穿即完成，若尚未燜透，可稍微拉長燉煮時間。燉鍋出爐後，肉塊撈出放入盤中，蓋上鋁箔紙。

烹調當天

07

現在要來處理醬汁和蔬菜了。丟棄香料束，蔬菜放入濾勺，濾勺再架在燉鍋上，擠壓瀝出所有汁液。

→擠壓蔬菜的同時，可萃取大量蔬菜在燉煮過程中吸收的風味。

08

保留步驟7中一半的蔬菜，與所有汁液放入果汁機攪打3分鐘。接著將醬汁以網勺過濾，倒回燉鍋。

→加入蔬菜泥可使醬汁濃稠，滋味也勝過加入太多麵粉增稠。

09

醬汁必須能夠在湯匙背面停留，如果醬汁過稠可加入少許剩下的牛高湯；如果不夠濃稠，打開鍋蓋續煮數分鐘收汁。放入牛肉以極小火加熱。

10

準備配菜。烹煮洋蔥：湯鍋放1大匙奶油以小火加熱，放入糖和珍珠洋蔥後，倒入和洋蔥齊高的水，加蓋煮約15分鐘。洋蔥即將完成前，打開鍋蓋使水分蒸散，接著加入巴薩米克醋，收汁至剩下一半分量。洋蔥取出放入熱盤備用。烹煮洋菇：用剩下的奶油以中火翻炒洋菇至金黃，視洋菇大小，約5至10分鐘不等，起鍋放入盤中備用。

II

同時間，牛胸肉條以中火煎7、8分鐘至金黃上色。

12

肉放入溫熱的分享餐具，鋪上牛胸肉條，周圍淋滿醬汁。洋菇和珍珠洋蔥擺放一旁，撒上少許切碎的巴西里葉增添清爽氣息。少鹽多胡椒調味後就可以上桌了。

你做了一道超讚的料理耶！

先煎再醃？

一般人以為醃漬可使肉軟化入味。問題來了，醃漬汁需要極長時間才能滲入肉裡，重約100公克的厚肉塊，需要1個星期才能入味。醃漬一個晚上幾乎毫無效果，連0.1公分都不到。至於軟化肉質，別做夢啦！不過如果肉先煎過就另當別論：肉煎上色時，表面會產生無數細小裂縫，正確來說醬汁並非真正「進入」肉裡，而是停留在縫隙中，如此醃漬汁的效果就會大幅提升！

為什麼不像平常那樣在肉上撒麵粉增稠？

因為有更好的作法！一般的作法是先將肉煎至上色，接著加入麵粉混合後放入烤箱，換句話說麵粉被煮熟了。但是這麼做，麵粉浸泡在肉之中變得濕搭搭，難以烹熟上色。而聰明如我們，麵粉當然要在加入**之前**炒至金黃，大大提升效果！

為什麼用烤箱而不用爐火？

使用爐火加熱時，熱源來自：使用烤箱時，熱源不僅來自下方，更來自四面八方。如此熟度更均勻，完成的料理品質更好。

煙燻牛肉

這道料理必須提前4天著手製作……我知道很麻煩，但說實話真是好吃的要命哪！外表略脆，裡面柔嫩幾乎入口即化，效果非常接近低溫烹調，是爆炸性的美味！

更多解釋請見：
鹽漬與鹽醃 134頁

——

烹調前4天開始製作
準備：30分鐘＋鹽漬汁6小時
鹽漬：4天
烹調：6小時

8人份材料

－整塊牛胸肉2公斤
－芫荽籽3大匙
－黑胡椒粒2大匙
－煙燻紅椒粉2大匙
－蒜粉1大匙
－黃砂糖1/2大匙
－卡宴辣椒片1/3大匙

鹽漬汁：

－灰海鹽200公克
➔無添加、不經再製，這點非常重要，務必細讀包裝確認。
－黃砂糖100公克
－蜂蜜2小匙
－大蒜4瓣，去皮拍扁
－月桂葉1片
－眾香子粉4小匙
－芫荽籽1小匙
－黑胡椒粒1小匙
－芥末籽1小匙
－紅胡椒粒1小匙
－丁香2個

烹調前4天

01

製作鹽漬汁：芫荽籽和黑胡椒粒放入鍋中，大火乾炒2至3分鐘，不斷翻炒以免燒焦。靜置冷卻後，與其他醃漬汁的辛香料、大蒜及月桂葉一起放入研磨缽，磨成粉狀。

02

大燉鍋放3公升水煮至沸騰後，續滾10分鐘殺死水中細菌。倒入粗灰鹽、黃砂糖與蜂蜜。攪拌至鹽和糖溶化、蜂蜜溶解，加入磨碎的辛香料。靜置冷卻後冷藏5至6小時，使鹽漬汁降至冰箱的溫度。

➔若鹽漬汁尚未完全冰涼前放入肉，可能導致肉變質。最難的部分已經完成，差不多了…… ☺

03

鹽漬汁涼透後放入肉，在肉上放一個小盤子使其完全沒入液體，蓋上鍋蓋。放回冰箱冷藏4天，每天攪拌2次。這就是最困難的部分！

➔肉完全不可有任何部分暴露在空氣中。

➔鹽漬汁需要時間滲入肉。4天後肉就完全浸漬透了。

烹調當天

04

終於可以從冰箱取出肉了，烤箱預熱至120℃（沒錯，就是120℃）。以冷水洗淨肉表面殘留的鹽漬汁，然後用廚房紙巾吸乾。

05

芫荽籽和黑胡椒粒放入鍋中，以大火乾炒，期間不斷拌炒以免燒焦（作法同鹽漬汁），接著倒進研磨缽，加入紅椒粉、卡宴辣椒、蒜粉、黃砂糖，充分磨碎。牛胸肉抹滿辛香料粉，輕輕按摩使辛香料充分附著其上。

→辛香料的風味在烹調過程中幾乎不會進入肉裡，不過肉裡外的滋味和質地會形成迷人對比，這就是我們要的效果。

06

用三層鋁箔紙嚴密包起牛胸肉，脂肪面朝上，放入烤箱烤6小時。

→烘烤過程中脂肪會略為融化，如果朝上擺放，就會流進肉的纖維之間。如果脂肪朝下擺放，就會流到烤盤上，豈不是太可惜⋯⋯

→肉塊務必裹得密不透風，完全不可有一點點部位露出。這點非常重要，因為在烘烤過程中，肉會釋放所有濕氣。緊緊包起可使肉在潮濕環境中烹熟，不會乾柴。

07

取出烤熟的肉，烤箱調到上火燒烤模式至280℃。烤箱加熱的同時，肉拆去鋁箔紙，靜置網架上。烤箱達到溫度後，肉連網架一起放進烤箱，置於中層，下方放烤盤承接流下的肉汁。烤5至7分鐘至上色，注意可別烤焦了。

這樣就完成啦！我知道很冗長，不過是不是好吃的要命呢？

為什麼不可使用亞硝酸鹽？

一般製作煙燻牛肉或白火腿和肉製品常使用亞硝酸鹽，但是我刻意選擇不使用。雖然亞硝酸鹽可讓肉品色澤漂亮，卻對健康有害，而且可能致癌。

為什麼肉要浸漬？

加入鹽、糖以及各色辛香料後用來浸泡肉的水，就叫做鹽漬汁。鹽滲入肉的同時會改變蛋白質的結構，烹調的時候蛋白質就會乖乖的不再扭曲緊縮，因此也不會擠出肉汁。此外，鹽漬汁的迷人風味也會進入肉裡，速度比一般的醃漬汁更快。

炸小牛肉排，芝麻菜沙拉佐番茄、檸檬和帕馬森乳酪

這不算真正的米蘭炸小牛肉排，因為麵包粉中加了帕馬森乳酪，但是也不算帕馬森炸小牛肉排。儘管如此仍是一道美味佳餚：香脆多汁，胡椒香氣中帶一絲酸香……太幸福啦！

更多解釋請見：
鍋具的大小 108頁
烹調法與奶油？ 122頁

___

準備：15分鐘
烹調：15分鐘

4人份材料

－小牛肉4片，各150公克，取大腿後上部位，
並請肉販稍微敲扁
－麵粉100公克
－蛋2個，加2大匙水打散
－日式麵包粉100公克（也可自製），
加入50公克現磨帕馬森乳酪
－澄清奶油300公克（見122頁，或以花生油代替）

沙拉：
－芝麻菜2把，洗淨用瀝水器瀝乾
－小番茄8個，切四等分
－檸檬汁1/2個份
－橄欖油1大匙
－現刨帕馬森乳酪片適量
－海鹽、現磨白胡椒適量

01
烹調前1小時從冰箱取出肉片，不重疊地放入料理盤。

→如果疊在一起，肉片中心需要更多時間才能回復至室溫，至少要3小時。

02
烤箱預熱至160℃。準備三個深盤，分別放麵粉、蛋液及日式麵包粉。

03
澄清奶油倒入大平底鍋（放2片肉排後、且肉排之間仍有空間的大小），以中火加熱。

→這點真的非常重要：如果平底鍋太小，肉排就很難煎至金黃，麵包粉還會吸滿油，使煎好的肉排非常油膩。

04
奶油中放入一小塊麵包確認溫度。如果15秒後麵包轉金黃色，代表溫度剛剛好。

→高溫煎炸肉片時，肉和麵包粉中的水分會流出並推開炸油，因此肉排清爽。如果溫度不夠高情況則相反：麵包粉會吸油，使得肉排油膩無比。

05
取2片肉排裹麵粉，並用手指輕輕拍去多餘的麵粉。接著沾蛋液，稍微讓多餘蛋液流下。最後裹上麵包粉。

→沒有麵粉，蛋液便無法附著肉上；沒有蛋液，便無法固定麵包粉。因此順序務必正確。

06
步驟5的2片肉排下鍋，煎約2分鐘至外圍金黃漂亮，接著翻面續煎2分鐘。

→絕對不可太早翻面，否則麵衣會脫落。

07

煎好的肉排用廚房紙巾輕壓,吸去多餘油脂。肉排置於烤箱中等高度的網架上,下方放烤盤承接掉落的麵包粉碎屑。

→肉片放在網架上,使麵包粉中的水氣得以蒸散,保持酥脆。反之,若將肉排放在盤子裡,一部分的水氣被困在下方,會使麵包粉變軟。

08

另外兩片肉排作法相同。

09

製作沙拉。半顆檸檬汁、橄欖油、番茄及芝麻菜放入沙拉盆輕輕拌勻。

10

肉排放入大盤,上面擺放番茄芝麻菜沙拉,撒幾片帕馬森乳酪,擠上幾滴檸檬汁,鹽、胡椒適量,立即上桌。

看看這色澤、這口感、這風味。這麼好吃的東西作法竟然如此簡單,你根本是料理巨星!

米蘭帶骨豬排或肉排?

正宗食譜必須使用2公分厚的帶骨豬排,以澄清奶油炸熟,不沾粉也不加帕馬森乳酪(帕馬森乳酪來自帕瑪,帕瑪距離米蘭超過100公里)。肉排較常見,但較不傳統。

厚度、厚度、厚度!

千萬別叫肉販把肉片敲薄到幾乎透明,那是皮卡塔炸雞排(piccata)的作法。我們的肉排必須要1公分厚,否則麵衣會喧賓奪主。

日式麵包粉?

日式麵包粉的質地遠比歐式麵包粉酥鬆爽脆。如果在雜貨店或超市買不到,以下是作法。不要購買市售的現成麵包粉,除了添加物過多,烹調過程中也會大量吸油。

日式麵包粉作法

吐司切邊後,放入冷凍庫一晚。隔天取出吐司,用刨絲刀粗度中等的洞將冷凍吐司刨成絲。麵包絲不可過短,約0.5公分長。烤盤放烘焙紙,麵包絲薄薄地鋪滿。放入烤箱以160℃烤10分鐘至乾燥,但尚未轉為金黃。這樣就完成啦。

澄清奶油是什麼?

就是去除奶油中所有因溫度過高時會燒焦的成分,稱為澄清奶油。如此便能將肉排炸至金黃又不致燒焦奶油,充分享受肉的風味。

嫩煎金黃小牛肋排

忘了大部分餐廳端上桌的乾巴巴小牛肋排吧……我現在說的肋排，外酥裡嫩，多汁腴滑，還搭配紅酒醬汁。祕密就是肉排浸泡鹽水2小時。別擔心，讓我解釋給你聽……

更多解釋請見：

鍋具的大小 108頁

鹽漬與鹽醃 134頁

醃漬 136頁

煎牛排時該翻面嗎？ 160頁

澆淋肉汁 162頁

肉的靜置 164頁

準備：10分鐘＋鹽水3小時

鹽漬：2小時

醃漬：1小時

烹調：40分鐘

2人份材料

－小牛肋排2片，2公分厚或350公克重

－澄清奶油1大匙（見122頁，或以橄欖油代替）

鹽漬汁：

－細灰鹽3小平匙

－糖 1/2 小匙

醃料：

－大蒜 1/2 瓣，去皮切小丁

－新鮮百里香 1/2 小匙，切碎

－橄欖油4大匙

醬汁：

－牛高湯400毫升

（新鮮高湯作法見228頁，或用冷凍高湯）

－強勁的紅酒400毫升（如卡本內－蘇維濃）

－紅蔥頭1大個，切細丁

－奶油1大匙

－海鹽、現磨胡椒適量

01

製作鹽漬汁：3公升水加鹽、糖煮至沸騰後，續滾5分鐘。靜置冷卻至室溫。鹽水倒入大調理盆，放入冰箱冷藏2至3小時。

02

肋排浸泡鹽水2小時。30分鐘翻面一次，使肉的每一面都能接觸到鹽水。取出肋排，沖洗後用廚房紙巾充分吸乾水分。

03

製作醃料：所有醃漬材料放入大料理盤。放進小牛肋排，用手指抹滿醃料。保鮮膜直接貼在肉上，冷藏1小時。

→醃料不會滲入肉裡，而是為表面增添風味。不過這樣就足以讓每一口都有清新的百里香和大蒜香氣。

04

製作醬汁：牛高湯放入湯鍋，以中火收汁至剩下 1/4，質地如糖漿般略稠。另取一支湯鍋，放入紅蔥頭和紅酒，中火收汁至剩下 1/4 但不可沸騰。約需30分鐘。

→高湯或紅酒中的水分蒸發：可保留所有風味，同時也不會被水分稀釋。

→醬汁可稍微提前製作。

05

烹調前去除小牛肋排上的大蒜，其風味已開始進入肉裡。

→溫度過高時大蒜會燒焦，味道變苦澀，因此下鍋煎肉之前必須去除。

06

大火燒熱大平底鍋（可同時容納2片小牛肋排）。澄清奶油放入熱燙的平底鍋，加熱至滋滋作響數秒。肋排疊起，一隻手拿起垂直放入平底鍋，將側面煎約1分鐘至金黃上色。

→如果肋排直接平放下鍋，側面絕對無法金黃上色，這樣就太可惜了。按照我們的作法，整塊肋排都會金黃漂亮。

07

肋排平放，每30秒翻面，煎5分鐘至金黃上色，並不斷澆淋奶油。接著轉中火續煎5至6分鐘，記得每30秒仍要翻面一次。

→比起僅翻面一次，每30秒翻面可使熟度更均勻，肉質更多汁。

08

取出小牛肋排，用三層鋁箔紙包起，放入盤中靜置5分鐘。

→靜置期間，肉裡的汁液會逐漸變稠，略乾的表面則會吸收肉中心的部分汁液，恢復濕潤。

09

肋排靜置的同時，混合收汁的紅蔥頭酒液和牛高湯。加入1大匙奶油增添圓潤口感，以鹽、胡椒調味後放置溫暖處保溫。

10

大火加熱平底鍋，肋排放回鍋中兩面各煎30秒，使其在上桌前恢復香脆。

→靜置期間，肉的表面因恢復濕潤而變軟。大火加熱可煎乾表面，恢復香脆。

II

肋排分別放入餐盤，醬汁漂亮地淋在一旁。

好好享用世界第一美味的小牛肋排吧！

為什麼肉要浸泡鹽水？

別擔心，肉味不會被水分稀釋。鹽漬是非常古老的手法，利用製作熟火腿的技巧，即使肉煮熟後也依舊柔嫩。水＋鹽＋糖的組合會略為滲入肉裡，改變蛋白質結構，烹調過程中較不易流失肉汁。因此你的小牛肋排會比沒鹽漬過的更加鮮嫩多汁。

白醬燉小牛肉

白醬燉小牛肉的食譜出現於18世紀，起初材料是吃剩的小牛烤肉捲，並搭配洋菇和珍珠洋蔥做為前菜。後來作法逐漸演變，現在的食譜和最初的食譜已完全不同。想不想試試有點傻的傳統作法呢？

更多解釋請見：

什麼鍋配什麼肉 106頁

鍋具的大小 108頁

液態油的烹調溫度？ 124頁

煮 150頁

高湯和湯汁 228頁

準備：20分鐘

烹調：3小時

6人份材料

－小牛肩600公克，切4公分見方

－小牛胸肉600公克，切4公分見方

－新鮮小牛高湯3公升（見230頁，或使用冷凍高湯）

－橄欖油2大匙

－海鹽適量

配菜：

－菰米（野米）300公克，以冷水洗淨

－珍珠洋蔥24個，去皮

－帶莖迷你胡蘿蔔2把，削皮

－小洋菇200公克，清理乾淨

－奶油4大匙

－糖2大匙

醬汁：

－法式鮮奶油250毫升

－蛋黃4個

－肉豆蔻粉1小撮

01

肉塊和橄欖油放入大調理盆混合，讓每一塊肉都充分裹上油。中火加熱燉鍋，燒熱後放入肉塊煎至淺淺上色。

→若在燉鍋中直接倒油，肉塊之間的油會過熱燒焦，產生不好的味道。

僅在肉上淋油就可避免油燒焦。

02

肉呈淡金色時，倒入高湯至蓋過肉塊3、4公分。撒少許鹽，但不加胡椒。稍微轉小爐火，煮2小時30分鐘，但不可沸騰或微沸，只能偶爾有小氣泡浮上水面。

→保持低於微沸溫度慢燉，肉就能保有多汁口感。絕對不可沸騰，否則翻騰的氣泡會使肉太快熟，變的乾柴。

03

肉塊取出，放進調理盤，蓋上鋁箔紙備用。濾網鋪濕廚房巾，下方放大調理盆，倒入湯汁過濾。

→廚房巾可濾掉所有烹煮時產生的細小肉屑和浮沫，完成的湯汁清透澄澈。

04

燉鍋洗淨後，將過濾完的湯汁倒回鍋中，以中火收汁至剩下⅓。

→湯汁收汁時，其中部分沒有味道的水分會蒸發。風味含量不變，但水分減少，因此收汁後的湯汁更濃縮，味道也更濃郁。

05

製作配菜：湯汁收汁時，平底鍋放入1大匙奶油加熱。鍋燒熱後放入米拌炒3至4分鐘。接著倒入米體積2倍的水，加蓋煮40分鐘。

06

小平底鍋放入1大匙奶油加熱,接著放入珍珠洋蔥、1大匙糖,倒入高度至洋蔥一半的水。加蓋,以文火煮20分鐘,期間不時攪拌。

07

胡蘿蔔作法同珍珠洋蔥:小平底鍋放1大匙奶油加熱,放入胡蘿蔔、剩下的糖和高度至胡蘿蔔一半的水。加蓋,以文火煮20分鐘,期間不時攪拌。

08

洋菇作法也相同,但不放糖:小平底鍋放1大匙奶油加熱,放入洋菇和高度至一半的水。以文火煮5分鐘,期間不時攪拌。

09

製作醬汁:湯汁收汁後,轉小爐火至足夠保溫即可。法式鮮奶油、蛋黃、肉豆蔻粉放入大碗混合均勻,接著加入一小瓢湯汁混合。醬汁倒入湯汁,以極小火不停攪拌煮至濃稠。肉塊放入醬汁加熱10分鐘。

IO

全部完成了,可以上桌囉。準備三個漂亮的共享餐具,分別放肉和醬汁、蔬菜、米,讓客人自行盛取。

米白、橙黃、黑褐,真是賞心悅目!

千萬別用清水煮肉!

如果用清水煮肉,肉會流失鮮味,清水則吸取鮮味變成湯汁,煮好的肉寡淡無味。不過如果用已煮過肉的湯汁煮肉,肉就不會流失鮮味,鮮美可口。

為什麼肉不用汆燙?

料理前汆燙肉毫無意義。過去人們汆燙是出於衛生考量,現在這麼做已不合時宜。倒掉汆燙肉的水,等於倒掉肉流失的部分風味。如我所說,一點意義也沒有。

為什麼醬汁如此雪白?

古時候,雪白的醬汁表示肉既沒腐敗也沒發綠。純粹是衛生因素,和味道毫無關係:醬汁顏色越白,代表肉越新鮮。

米蘭燉牛膝佐葛雷莫拉塔醬

燉牛膝不可以放番茄，萬萬不可！番茄的味道、口感、大量水分在這道料理中毫無容身之處，只會稀釋醬汁。去去去……一起來做真正的米蘭燉牛膝，搭配正宗葛雷莫拉塔醬吧。

更多解釋請見：

什麼鍋配什麼肉？ 106頁

鍋具的大小 108頁

燜 154頁

如何產生更多精華？ 168頁

高湯和湯汁 228頁

準備：30分鐘
烹調：2小時10分鐘

6人份材料

－小牛膝6塊，各300公克

→盡可能每塊肉大小一致

－洋蔥1大個，切小丁

－胡蘿蔔2根，削皮切小丁

－芹菜梗1枝，切小丁

－大蒜4瓣，去皮切細丁

－小牛高湯2公升（見230頁，或使用冷凍高湯）

－不甜白酒200至250毫升

－奶油2大匙

－海鹽、現磨胡椒適量

葛雷莫拉塔醬：

－大蒜1瓣，去皮切末

－巴西里3枝，取葉片切碎

－檸檬汁和皮屑1顆份

→視喜好可加入半顆份柳橙皮屑

01

小牛高湯放入大湯鍋，中火收汁至剩下一半。

→小牛高湯收汁時，大部分毫無味道的水分會蒸散，保留大量風味，使完成的湯汁更醇厚。

02

烤箱預熱至160℃。小牛膝有無提前取出退冰對這道食譜沒有影響。淺淺劃開牛膝周圍薄膜。

→牛膝周圍的薄膜烹煮時會收縮，使肉塊受拉扯變形。在薄膜上淺劃數刀，肉就不會變形，熟度更均勻。

03

中火加熱大鑄鐵燉鍋（足以放入小牛膝全數也不會重疊）。熱燙的鑄鐵鍋放入1大匙奶油，奶油出現泡沫時放入3塊牛膝，肉塊不可相接或重疊。煎3、4分鐘至兩面金黃上色，取出放入調理盤，置於溫暖處保溫。另外3塊牛膝作法相同。

→如果肉塊下鍋後相連，受熱流出的水分便會困在下方，使得肉塊泡在肉汁裡無法金黃上色。

04

稍微轉小爐火，剩下的奶油與蔬菜丁放入鑄鐵燉鍋。加鹽，拌炒5分鐘至出水並收乾，但不可上色，期間不時攪拌。

→在蔬菜中加鹽可幫助水分蒸發，並保留最鮮美的滋味

05

白酒倒入蔬菜，收汁至剩下¼。

→葡萄酒收汁可使大部分的酒精揮發，風味更濃縮。

06

牛膝肉輕輕放在蔬菜上，倒入收汁的小牛高湯至肉的底部，我們可不是要煮！加蓋，燉鍋放到烤架上、高度在烤箱中間，燜燉1小時45分鐘。記得中途牛膝要翻面，並確認鍋中還有足夠湯汁。若湯汁不足，可補充少許濃縮高湯，但是水位不可高於牛膝底部。刀尖能輕鬆刺進肉裡時即完成。

→燉牛膝必須以烤箱燜燉，而且絕對不可像常見的作法泡在湯汁裡。燜燉的肉幾乎不會流失鮮味；熬煮的肉則因為浸泡在湯汁中而流失大量風味，滋味乏善可陳。

07

製作葛雷莫拉塔醬。大蒜、巴西里、檸檬汁和皮屑放入碗中混合均勻。醬料放在肉上，加蓋燜燉5分鐘。快完成了……

08

取出牛膝，漂亮地放入熱好的共享大盤，加上蔬菜，周圍淋上燜燉的湯汁。以鹽、胡椒調味，準備開動囉！

看看葛雷莫拉塔醬的顏色，多美啊！感受到滋味和香氣了嗎？這才是真正的米蘭燉牛膝！

肉不用裹麵粉嗎？

通常肉在煎上色前會沾麵粉。麵粉的用意在於為過稀的湯汁以及番茄流出的水分增稠（又是萬惡的番茄！）。總之就是因為湯汁水分太多，所以靠麵粉增加濃稠度。這種掩飾手法未免太粗糙啦！

美味更加分

可加入1、2塊小牛骨髓一起燜燉。食用時骨髓放在小牛膝旁，上面放少許葛雷莫拉塔醬。

如果你和我一樣是鯷魚愛好者，可在葛雷莫拉塔醬裡加入2條去鹹味的鯷魚（鯷魚浸泡牛奶2小時即可去除鹹味），可為整體提鮮。另外，可製作真正的米蘭燉飯，完美搭配牛膝。

最初的食譜怎麼做？

原始的食譜不使用番茄，原因非常簡單：18世紀的義大利人認為番茄有毒，極少食用。可以確定的是，法國廚師亨利-保羅‧佩勒普拉（Henri-Paul Pellaprat）在其著作《現代烹飪藝術》（*L'Art Culinaire Moderne*）的食譜中初次加入番茄。

自此，人人不加思索就沿用這份食譜……

脆皮香料豬肉捲

這道義大利料理一般使用去骨全豬或半豬製作。由於賓客人數有限，選用肥嫩可口的豬五花較適合。最有名的脆皮香料豬肉捲來自羅馬大區的阿利奇亞（Ariccia），剛好就是我們的食譜！

更多解釋請見：
鍋具的大小 108頁
澆淋肉汁 162頁

建議烹調前一天著手製作
準備：20分鐘
烹調：4小時15分鐘

8人份材料

- 去骨豬五花肉4公斤
- 茴香花粉1¹/₂大匙（或以2大匙茴香籽代替）
- ➔茴香花粉風味極佳，少了它真可惜！
- 迷迭香2大匙，切碎
- 黑胡椒粒1¹/₂大匙，現磨
- 紅胡椒粒1大匙，現磨
- 大蒜8瓣，去皮拍扁
- 橄欖油2大匙
- 料理用棉線3公尺
- ➔向你熟識的肉販要

烹調前一天

01
若沒有茴香花粉，可將茴香籽放入熱湯鍋乾炒2分鐘，期間不停拌炒避免燒焦。茴香籽倒入研磨缽磨成粉末。

02
豬五花肉攤開平放。各邊切下3公分的肉，不切豬皮。
➔如此可避免捲起後，肉直接暴露在烤箱高溫中。

03
廚刀磨利，豬肉面劃約30道1公分深的割痕。撒上香料，充分按壓使其附著。
➔香料會進入割痕，讓豬五花肉好吃20倍！

04
五花肉由外向內捲緊後，以料理用棉線確實捆起，線圈間隔不超過3公分，力道一致，肉捲形狀規則，熟度才會均勻。接著將豬皮壓平縱向綑綁2圈，蓋住兩端的肉。

05
肉捲置於網架上冷藏一晚，無須覆蓋或包裹。
➔豬皮會稍微變乾，烘烤時更容易形成香酥外皮。香料也會慢慢滲入肉裡。

烹調當天

06
烤箱預熱至140℃。豬肉捲接口朝下放入烤盤（尺寸和肉捲差不多大），淋橄欖油。
➔烘烤時間極長，若烤盤過大，流出的肉汁容易燒焦。使用尺寸剛好的烤盤肉汁就不會烤焦了。

07

送入烤箱，肉捲要烤上**4**個小時。別忘了每半小時澆淋一次流入烤盤的肉汁。

→澆淋肉汁可將烤盤底的美味精華淋在豬皮上，會讓豬皮更美味……

08

確認熟度：竹籤可輕鬆刺入肉時即完成。取出豬肉捲，烤箱溫度調至**260**℃。達到此溫度後放入豬肉捲，烤10到15分鐘將豬皮烤至金黃。

→豬皮會膨脹起泡，變得香酥迸脆，太正點啦！

09

肉連烤盤出爐，靜置15分鐘，辛苦肉捲了！

這道美食之王熱吃溫食皆可，切成略厚的肉片；放涼切極薄片用手拿著吃也非常享受……

香料豬肉捲到底是什麼？

豬肉捲是用豬身側面、從背部到下腹，包括脊椎第三節到最後一節。去骨後攤開平放，加入香料捲起，以中低溫慢烤8小時，用柴火烘烤更棒。也可做成填餡烤全乳豬。

為什麼豬肉捲要捲起綑綁？

為了確保豬肉捲的熟度均勻一致，務必細心準備：

1. 五花肉放平調味後，從距離自己最遠的一邊開始向內捲，

2. 注意肉捲的形狀必須規則，否則會使內部生熟不一。

3. 棉線間距3公分，繞著肉捲綁緊（線圈和打結的力道也要一致），接著棉線兩頭縱向綑綁，使豬皮緊貼豬肉捲。

手撕豬肉

手撕豬肉是文火慢燉豬前胛心肉，直到能以兩支叉子輕鬆撥散，樸實卻好吃到令人停不下來，最適合好友共享。原文「pulled pork」意思就是「撥成絲的豬肉」。

更多解釋請見：
醃漬 136頁
燜 154頁
膠原蛋白是什麼？ 180頁

視喜好，最多烹調前二天醃漬
準備：15分鐘
烹調：6小時

8人份材料

- 帶骨豬前胛心肉2.5公斤
- 洋蔥2大個，去皮切大丁
- 胡蘿蔔2根，削皮切大丁
- 大蒜4瓣，拍扁
- 丁香2個，插入洋蔥丁
- 蘋果汽泡酒（cidre）400毫升
- 雞高湯1,200毫升
- 海鹽、現磨胡椒適量

醃料：

- 大蒜4瓣，去皮壓泥
- 蜂蜜2小匙
- 伍斯特醬2小匙
- 第戎芥末醬1小匙
- 煙燻紅椒3小匙
- 橄欖油2大匙
- 鹽1小匙

烹調前二天或當天，視個人喜好

01

製作醃料：混合所有醃漬材料，用手指充分塗抹在肉的表面。最多可冷藏2天使醃料入味；也可直接烹調，不過只有肉的表面帶醃料風味。我個人會選擇醃漬2天。

→醃料入味的確很花時間，但是完成的風味也大大不同。

02

烤箱預熱至260℃。豬肉稍微提早由冰箱取出。

03

洋蔥、胡蘿蔔和蒜瓣全部放進鑄鐵燉鍋。倒入蘋果汽泡酒和800毫升雞高湯，豬肉凸面朝上放進鍋子。

→豬肉放在蔬菜層上，不會直接接觸熱燙的燉鍋，因此可在蔬菜、蘋果汽泡酒和高湯的濕氣中慢燉。

04

蓋上鍋蓋，以爐火加熱5分鐘使湯汁變熱，燉鍋放入烤箱，位於中間高度，並立刻將烤箱調至140℃。

→預熱至260℃並降至140℃可快速加熱燉鍋上方，進而使肉上方稍微上色。

→如果燉鍋在烤箱中的位置偏高，熱度會集中在上方；同理，如果選擇用爐火燉煮，熱度就會集中在下方。燉鍋放在烤箱中等高度，可使熟度均勻。

05

耐心慢燉6小時。膠原蛋白變成膠質、脂肪融化、蔬菜和湯汁散發的蒸氣蒸熟整體就是需要這麼多時間。定時確認鍋中有足夠湯汁，不夠時可加入少許雞高湯。

→燉煮時，液體受熱變成蒸氣，碰到鍋蓋後凝結，變回小水珠滴在肉上，有如不斷澆淋肉汁。

06

你耐心等了**6小時**嗎？真是個好孩子！好啦，現在從烤箱取出燉鍋，豬肉放在料理盤上降溫。利用這段時間將湯汁和蔬菜倒入網勺過濾，並用力擠壓蔬菜萃取汁液。

→蔬菜中還留有些許風味。在網勺中用力擠壓盡量萃出風味。

07

用兩支叉子將豬肉撥散成絲，倒入少許燉汁混合，使豬肉更鮮美多汁。加入鹽和胡椒即可上桌。

幫我向你的朋友問好，他們看起來人很不錯……

為什麼選前胛心而非一大塊肉？
燉煮過程中，骨頭末端的軟骨能增添許多風味，使醬汁濃稠富光澤。而且透過毛細現象，這些風味會從骨頭進入肉裡，滋味更豐富。絕對不要隨便選塊肉或一大塊肉，否則美味會大打折扣。

在蔬菜層上燉熟的肉
肉放在蔬菜上可避免直接接觸燉鍋，在蔬菜和湯汁產生的水氣中烹熟，口感極軟嫩多汁。

魂牽夢縈豬肋排

作法超簡單卻好吃的要命。你需要兩片豬肋排,選擇吃優質食物、備受寵愛的真正的豬。只要四種材料,下鍋不到10分鐘,就能變出超級美食……

更多解釋請見:

什麼鍋配什麼肉 106頁

煎 142頁

煎牛排時該翻面嗎? 160頁

澆淋肉汁 162頁

肉的靜置 164頁

如何產生更多精華? 168頁

準備:10分鐘

靜置:2小時10分鐘

烹調:10分鐘

2人份材料

- 豬肋排2片,2公分厚,周圍帶豐富脂肪
- 大蒜2大瓣,用刀身拍扁
- 百里香20枝
- 澄清奶油1大匙(見122頁,或以橄欖油代替)
- 奶油1 1/2大匙,切小塊
- 海鹽、現磨胡椒適量

你知道哪家肉鋪可以買到真正的豬肉嗎?很好,那快出發吧……

01

豬肋排脂肪上劃幾道刀痕,放在網架上使表面稍微變乾,更容易上色。靜置室溫2小時。

→煎肉時,豬皮會收縮使肉變形,肉的熟度也會因此不均勻。劃刀痕可避免豬皮收縮使肉變形。

02

拿出你最大最漂亮的鍋子,鐵製、不鏽鋼或鑄鐵的平底鍋、淺煎鍋或燉鍋都可以。大火熱鍋。鍋熱後放入澄清奶油融化,加熱至發出滋滋聲、冒少許煙。

→不准用不沾平底鍋,否則我要生氣囉!不沾材質無法使肉上色,也不會產生鍋底精華,但是我們要的就是鍋底精華!拿出你家最大的鍋子,把肋排煎得金黃漂亮。

03

肋排烹熟前不要撒鹽和胡椒,因為一點用也沒有。起鍋之後再撒。疊起肋排,垂直拿著下鍋,煎1分鐘使側面金黃上色。

→如果直接平放入鍋,側邊就無法上色了。

04

接著肋排平放鍋中,周圍保留足夠空間。加入百里香和拍扁的大蒜。煎30秒後翻面,將另一面也煎上色,並加入奶油。稍微轉小爐火,每30秒翻面一次,並不斷澆淋融化的奶油。

→肉上澆淋奶油有三個作用:

1. 滾燙的奶油可加熱燙熟肉的上方,肋排上下之間的熟度更均勻。
2. 可不斷將鍋底奶油吸收的精華淋在肉上方。
3. 奶油的油脂可減少肉的汁液蒸發。

05

兩面各續煎3分30秒,不可超過;如果喜歡五分熟度的肉,也可稍微縮短時間。同時別忘了不時翻動百里香和大蒜,並將肋排放在其上,這些材料放在一起可大大提升風味。

→肉經常翻面可使熟度均勻，更能避免外皮下的部分過熟。煎好的肉更滑嫩。

→百里香和大蒜加熱時，某些風味會變成煙飄散。肉放在其上可吸收這些香氣，滋味更豐富。煙燻魚、肉的原理也是如此。

06

取出肉，用鋁箔紙包起靜置5至10分鐘，使內部汁液均勻分布並隨著冷卻略微變稠。平底鍋以極小火保溫。

→靜置時，肋排外皮吸收中心的部分汁液，會稍微變軟。

07

肋排放回平底鍋，轉大火，兩面各煎20秒加熱。

→上桌前重新加熱，可煎乾外皮，使其恢復香脆。

08

完成了！撒滿鹽和胡椒，趕快開動吧。

你只用了**4種材料**就變出這道美食，太神奇了！

優質豬肉都富含脂肪嗎？

好的豬肋排必須有豐富的脂肪。這些脂肪能為肉增添許多風味。此外，這也是優質豬隻的象徵，代表肋排並非來自集約飼養豬。

為什麼肉要翻面？

如果煎肋排的過程只翻面一次，表面就會過熟過厚，變的乾巴巴。不過若30秒翻面一次，過熟的部分就會極薄，同時也能使熱度進入內部烹熟肉。好吃極了！

慢燜豬頰肉

這是道道地地的法國小酒館傳統料理，低溫慢烹。有幾個小祕訣能讓這道料理美味更升級。不妨前一天準備，隔夜更好吃。

更多解釋請見：

燜 154頁
如何產生更多精華？ 168頁
膠原蛋白是什麼？ 180頁
嫩肉？硬肉？差別在那裡？ 181頁

最多可烹調前一天製作
準備：20分鐘
烹調：3小時30分鐘

6人份材料

- 豬頰肉18塊
- 胡蘿蔔2根，切小丁
- 洋蔥1大個，切小丁
- 丁香1個，插入洋蔥丁
- 大蒜4瓣，用刀身拍扁
- 百里香5枝
- 月桂葉1片，縱切為二
- 不甜白酒200毫升
- 豬高湯或小牛高湯500毫升
（新鮮高湯見230頁，或使用冷凍高湯）
- 橄欖油3大匙
- 奶油1大匙
- 海鹽、現磨胡椒適量

01
烤箱預熱至140℃，同時中火加熱大鑄鐵燉鍋。

02
豬頰肉放入調理盆，淋橄欖油。用大湯匙混合均勻，用手效果更好，使每一塊肉都裹上薄薄一層油。

03
取幾塊頰肉放入熱鑄鐵鍋，肉完全攤平，煎至上下皆金黃上色。取出放在大調理盤備用。繼續煎其餘頰肉。

→切記千萬不可一次放入太多肉塊，否則上色效果會打折扣。

04
繼續用同一只燉鍋（千萬別洗鍋子！），轉小火，放入胡蘿蔔、洋蔥（包括插丁香的洋蔥丁）、蒜瓣、百里香和月桂葉。略撒鹽，翻炒至出水收乾5、6分鐘，直到洋蔥變透明。轉大爐火，倒入白酒微微沸騰5分鐘，收汁至剩下一半。倒入400毫升高湯煮至微沸，接著豬頰肉緊鄰平放入鍋。好啦，你剛剛做的就是醬汁基底。

→上色時，豬肉會在燉鍋底形成精華。蔬菜、白酒和高湯的水分可洗起所有鍋底精華，就變成我們的醬汁啦。

→翻炒蔬菜至出水收乾，可使其中部分水分蒸發。加入少許鹽能加速水分蒸發，讓蔬菜風味更濃縮，超讚的！

05
燉鍋蓋上鍋蓋，置於烤箱中等高度，燜燉3小時。

→燜燉時，液體受熱變成蒸氣，碰到鍋蓋後凝結變回水珠，滴落肉上，效果有如不斷澆淋肉汁。

06

取出烹熟的豬頰肉，放在大調理盤備用。網勺下方放大碗，醬汁連同蔬菜倒入網勺，用力擠壓蔬菜萃出所有風味。醬汁倒回燉鍋，以小火加熱。放入奶油，充分攪拌混合煮2、3分鐘至濃稠。

→奶油可增添圓潤風味，使醬汁入口之後尾韻綿長。「圓潤」的意思是風味更溫和，「尾韻綿長」則表示風味在口中停留更久。

07

豬頰肉放入燉鍋，澆淋醬汁。蓋上鍋蓋靜置至少1小時，若情況許可甚至可至隔天。

→靜置期間，醬汁會滲進豬肉纖維之間。每一口肉都挾帶少許醬汁，因此口感比實際上更多汁；不僅如此，醬汁還會微微入味。這就是為何有醬汁的料理完成後放至隔天更美味。

08

豬頰肉和醬汁以極小火加熱15分鐘。撒鹽、胡椒。搭配自製馬鈴薯泥、炒甘藍或扁豆沙拉享用。

為什麼肉塊這麼小，卻要燉3小時？

頰肉含有膠原蛋白，屬於「結實」的部位。要讓結實的肉變軟，就必須以高濕度、中低溫將膠原蛋白慢慢煮至融化。融化的膠原蛋白變成膠質，賦予肉和醬汁更多風味。

豬頰肉？

沒錯，此部位不大，雖然是瘦肉卻滑潤，帶少許膠原蛋白，經文火慢燉就會非常美味可口。豬頰肉一般歸類在內臟類，不過內臟專賣店相當少見。幸好肉店也能買到豬頰肉，也可請肉販代訂。

不能用水代替湯汁或高湯製作醬汁嗎？

當然可以，一樣做得出醬汁，只是沒那麼美味……清水煮肉會發生平衡現象：肉的風味會稍微被水稀釋。若使用已充滿風味的湯汁煮肉，肉就無需平衡湯汁，因此只會流失少許味道。

香草脆皮羔羊排

這道料理非常簡單，而且上桌時一定會讓客人驚艷不已。你是否好一陣子沒和岳母聯絡了？這可不太好唷。下週日邀請她到家裡，並用這道料理款待她，一定讓她心花怒放。

更多解釋請見：

如何正確使用鹽？ 112頁

烘烤 144頁

如何產生更多精華？ 168頁

準備：20分鐘

鹽醃：3小時

烹調：30分鐘

6人份材料

— 羔羊肋排2副，含後段肋排和2塊前段肋排

→每塊肋骨之間的脊骨要切開，烹調後較易切分。

— 橄欖油1大匙

肉汁：

— 小羊邊角肉和骨頭（敲碎）500公克

— 洋蔥1/2個，去皮切小丁

— 胡蘿蔔1/2根，去皮切小丁

— 大蒜1瓣，去皮切末

— 香料束1束，以韭蔥蔥綠包起，以棉線綁緊
（巴西里梗2根、百里香3至4枝）

— 橄欖油1大匙

— 奶油1大匙

— 龍艾蒿3枝，取葉片切細

— 細海鹽適量

香草脆皮：

— 切邊乾吐司10片

— 鯷魚1條，浸泡少許水去鹹味

— 大蒜2瓣，去皮

— 巴西里1束，取葉片

— 龍艾蒿1束，取葉片

— 半鹽奶油120公克，回復至室溫

— 融化奶油1大匙

01

羊排脂肪面淺劃數道刀痕。

→小心別割到肉！刀痕可幫助香草脆皮緊緊附著在肋排上，而不會直接掉到烤盤裡。

02

羊排上方和下方抹鹽後，室溫靜置3小時。

→我還是要不厭其煩地再說一次：鹽滲入肉的速度非常、非常慢。必須提早數小時抹鹽才能稍微見效……

03

製作肉汁：燉鍋用中大火加熱，倒入橄欖油，將骨頭和邊角肉煎至金黃上色。接著轉小火，加入洋蔥、胡蘿蔔、大蒜和香料束。撒少許鹽，翻炒至出水收乾，直到洋蔥變透明。倒入400毫升的水，不加鍋蓋，慢煮約20分鐘收汁至剩下1/4。

04

製作香草脆皮：乾吐司片剝小塊放入食物調理機，加入鯷魚、大蒜、巴西里和龍艾蒿，攪打至略粗的粉狀。打好的香料麵包粉倒入碗中，預留1大匙做為「華麗的結尾」。奶油放入碗中，用叉子與香料麵包粉混合成糊狀。

05

烤箱預熱至180°C。羊肋排放入烤盤，淋上橄欖油，並使每一面都均勻裹上薄薄一層油。大火加熱平底鍋或燉鍋（鍋子必須足以同時容納兩副肋排），凸起面煎1分鐘上色，接著翻至脊骨煎1分鐘。

→凸起面（脂肪面）必須先上色，因為脂肪會略微融化產生鍋底精華，其他部分上色時就能吸附並同時形

成新的鍋底精華。最後再用脂肪的精華將脊骨煎至金黃上色。

06
肋排放入烤盤。看到殘留鍋底的迷人精華了嗎？千萬別放過它們！拿支湯匙，舀起肉汁精華淋在肋排上。

→肋排上下左右都要澆淋肉汁精華，可為肋排和醬汁增添風味。

07
肋排脊骨朝下，直立擺放，置於已預熱的烤箱中層烤10分鐘。

→肋排脊骨朝下直立擺放，凹面和凸面的熟度就會均勻一致。

08
取出肋排，澆淋燉鍋底剩下的油脂，以三層鋁箔紙包起，靜置10分鐘。烤箱調到上火燒烤模式，轉至最高溫。

華麗的結尾

09
燉鍋裡的肉汁倒入網勺過濾，但不擠壓蔬菜。肉汁加入奶油，以小火加熱，稍微攪拌。

10
剝除鋁箔紙，肋排凸面朝上平放。淋少許融化奶油，幫助香草脆皮緊緊附著肉上。用湯匙將香草麵包糊均勻抹上肋排，接著撒上預留的1大匙香草麵包粉。以湯匙背面壓緊麵包粉和糊，放入烤箱中層、在上火燒烤模式烤2、3分鐘至金黃。

11
肋排放入共享大盤，醬汁加入龍艾蒿後倒入醬汁盅，就可以上桌了。

切成單片帶骨肋排享用。

鰻魚？亞瑟，你瘋了嗎！

嘿，冷靜、冷靜！首先，肉並不會沾上魚味，完全不會。我們要的是鰻魚富含的麩胺酸和肌苷酸。這兩種成分加上鳥苷酸，在亞洲稱為「鮮味」（umami），也就是第五種味道。這並非新鮮事，1825年，布里亞－薩瓦蘭（Brillat-Savarin）在他的著作《美味的饗宴：法國美食家談吃》（*La physiologie du goût*）中已探討此風味，並稱之為「肉香味」（osmazôme）。在法國，人們雖然不認識鮮味，卻無意間應用在許多料理中。例如小牛高湯，使用富含麩胺酸的洋蔥和胡蘿蔔，結合含大量肌苷酸的小牛肉。這兩種胺基酸結合後不僅僅是兩種風味加總，而是大幅提升風味，好比1＋1＝3。總之，這一長串話要說的是，一條微不足道的小鰻魚，可讓香草脆皮美味三級跳。

配菜呢？

由於羊排的風味太過鮮明豐富，搭配清炒的蔬菜較適合，例如蘆筍、幾朵新鮮蕈菇、四季豆等等。

5小時慢燜羊肩

通常這道料理會和7小時羊腿一起製作。不過羊肩比羊腿更值得一吃:不僅較滑嫩,風味也較鮮明,羊肩的油脂還能增添圓潤口感。該選誰應該不用我多說了吧?

更多解釋請見:

什麼鍋配什麼肉? 106頁
鍋具的大小 108頁
燜 154頁
如何創造更多精華? 168頁

準備:20分鐘
烹調:6小時

4人份材料

- 小羊肩1副,去骨用棉線綁起+敲碎的骨頭
- 小羊頸肉2片
- 小羊邊角肉200公克
- 洋蔥1大個,去皮切大丁
- 胡蘿蔔2根,削皮切大丁
- 連皮大蒜20瓣
- 香料束1束,以韭蔥蔥綠包起,用棉線綁緊
  (巴西里梗10根、百里香5至6枝、迷迭香1枝)
- 不甜白酒200-250毫升
- 橄欖油1大匙
- 細海鹽適量
- 乾淨廚房巾1條
→切記不可加柔軟精清洗,否則你的羊肩會飄散
「原野花香味」⋯⋯

泥封麵團:
- 麵粉300公克
- 蛋1個
- 細鹽1小匙

01

取大小剛好可放入羊肩的鑄鐵燉鍋。羊肩每一面抹上橄欖油,上下和兩側煎至金黃上色。羊肩放入盤子直接包上保鮮膜。

→煎肉上色可增加其風味,同時形成鍋底精華,可製作燜燉湯底。

02

小羊頸肉、骨頭和邊角肉放入同一只燉鍋(不清洗),煎至金黃上色。轉小爐火,加入洋蔥、胡蘿蔔、大蒜及香料束。加少許鹽,拌炒蔬菜至出水收乾數分鐘,直到洋蔥變透明。倒入白酒,煮至幾乎完全蒸發。接著倒入1公升的水,蓋上鍋蓋,以極小火慢慢加熱約1小時,但不可微沸。

→鍋子裡面正在產生美妙的作用,形成真正的醬汁基底。

03

製作泥封麵團(pâte à luter)。麵粉、蛋、鹽及200毫升的水放入調理盆,攪拌至麵團富彈性。此步驟可使用桌上型攪拌機。保鮮膜包起備用。

04

烤箱預熱至120℃。醬汁基底倒入大碗。

05

現在我要傳授一個祕訣,教你如何輕鬆取出完成的羊肩:取一條乾淨的廚房巾鋪入燉鍋底。布巾中央放上羊頸肉、骨頭及邊角肉、香料蔬菜,最後才擺上羊肩。

→避免羊肩肉與湯汁接觸,能以蒸氣烹熟最理想。我們要的是真正的燜燉料理,而不是熬煮,半燜半煮更慘。

06

泥封麵團整形。工作檯略撒麵粉，擺上麵團，滾成長度足以繞燉鍋一圈的粗條。燉鍋蓋上鍋蓋，封條（法語：lut，麵團的名稱）放在鍋蓋和鍋身接合處確實壓緊，使封條麵團緊貼並密封鍋子。

07

放入烤箱中層燜燉5小時。

→以下是燉鍋裡的情況：肉不會在湯汁中泡煮，而是被香噴噴的蒸氣燜熟。蔬菜和羊頸肉流失少許風味，使緩緩蒸發的醬汁基底更濃郁。蒸氣困在鍋中，碰到鍋蓋即凝結變回液態，落在肉上，有如澆淋肉汁。這些步驟在燜燉過程中不斷重複，才能使肉如此美味。

08

敲破封條，提起廚房巾邊緣，小心取出羊肩肉。所有蔬菜和肉放在盤子上，羊肩則輕輕放在溫熱的調理盤中，以三層鋁箔紙包起。

09

羊頸肉和碎骨棄置不用：它們功成身退了。網勺下放大碗，倒入其餘鍋中和廚房巾上的所有蔬菜和汁液，充分擠壓，萃出所有風味與汁液。濾出的汁液放回燉鍋，以中火煮數分鐘稍微收汁，使其更濃厚。

10

醬汁倒入醬汁盅，和羊肩一起端上桌。以湯匙挖取羊肉，為朋友們裝盤吧。

他們一定會愛死你！

為什麼使用燜燉法？

這道料理源自人們還不食用小羊，而是吃乾巴巴的老綿羊。老羊的肉又硬又韌，必須長時間慢烹才入得了口⋯⋯

燉鍋裡放廚房巾的用意是什麼？

放入廚房巾，抓住邊緣就能輕鬆提出羊肩，不致使肉散開。

燉鍋和鍋蓋之間的麵團？

這個技巧叫做「泥封」（luter une cocotte）。利用麵團讓燉鍋完全密封，使其滴水不漏，連一丁點水蒸氣都不會跑掉。而這會讓完成的料理截然不同！你的羊肩在高濕環境中烹熟，會變得超級滑嫩。這種麵團不做食用，因此叫做「死麵」（pâte morte）。

如果你和我一樣超級龜毛，可以將蔬菜、羊頸肉和骨頭裝入乾淨紗布袋放進燉鍋。羊肩也用紗布捲起放在骨肉蔬菜上。如此便能輕鬆取出慢燜的羊肩，直接在燉鍋中擠壓骨肉蔬菜紗布袋就可倒出所有汁液。

顛倒羊腿

一般作法是將香料蔬菜放在羊腿上，再以180℃烘烤。前面說過，這些香料蔬菜的風味並不會在烹調過程中進入肉裡。如果材料相同，但是換個聰明作法，是否能讓完成的料理效果更好呢？

更多解釋請見：

鍋具的大小 108頁
如何正確使用鹽？ 112頁
醃漬 136頁
澆淋肉汁 162頁
肉的靜置 164頁

烹調前一天開始製作
準備：20分鐘
鹽醃：2小時
醃漬：24小時
烹調：3小時30分鐘
靜置：20分鐘

6人份材料

- 2公斤的小羊腿1隻，去骨
→ 向肉販要敲碎的骨頭和邊角肉
- 帶皮大蒜5瓣
- 不甜白酒100毫升
- 奶油2大匙
- 細海鹽、現磨胡椒適量
- 料理用棉線

醃料
- 橄欖油1大匙
- 大蒜3瓣，去皮拍扁
- 迷迭香1枝，取葉片切細

烹調前一天

01

羊腿攤開平放，去骨面朝上。像料理完成時那樣略撒鹽，用手指將鹽均勻抹進所有角落。羊腿翻面，重複撒鹽抹鹽。闔起羊腿，放入冰箱冷藏2小時，使鹽溶化並開始慢慢滲入。

→ 鹽滲入肉裡會改變部分蛋白質的結構。蛋白質的結構一旦改變，就不會在烹調時擠出汁液，因此完成的肉更多汁。不過鹽需要長時間才能充分滲入肉。這就是為何要在烹調前24小時抹鹽。

02

製作醃料：湯鍋倒入橄欖油，小火加熱。放入拍扁的大蒜和迷迭香慢煎5分鐘。熄火，靜置冷卻。

→ 此步驟非常重要。烘烤過程中，羊腿的中心溫度在熟度五分熟時不超過55℃，七分熟則不超過65℃。這些溫度皆不足以烹熟大蒜，因此在加入羊腿前先將大蒜煎熟。

03

從冰箱取出羊腿，再次攤開平放，去骨面朝上。用手指將一半的醃料均勻塗抹整個羊腿上方。闔上羊腿，去骨面朝內，同時注意羊腿厚薄是否一致，以確保熟度均勻。

04

現在要開始綁肉。棉線每圈間隔2公分，一圈圈輕輕拉緊綁起，因為烘烤時羊腿會稍微膨脹，記得每一圈都要打個小結。剩下的醃料抹滿表面。

→ 羊腿裡外都塗醃料，可大幅提升風味效果。

05

用保鮮膜緊緊包起羊腿，盡量不要包進空氣。放入冰箱冷藏24小時。

→ 肉的周圍空氣越少，醃漬效果越好。

烹調當天

06

烤箱預熱至140℃。從冰箱拿出羊腿，取下保鮮膜。選用只比羊腿稍微大一點的烤盤，只能稍微大一點喔！

07

羊腿放入烤盤，周圍放上碎骨、邊角肉和帶皮大蒜。放入預熱好的烤箱，使羊腿位於烤箱中層，烘烤3小時，期間澆淋4、5次肉汁。

→烘烤時，肉和骨頭會釋出肉汁精華流至烤盤底。澆淋肉汁就等於將精華淋在肉上。

08

羊腿出爐，以三層鋁箔紙包起，放在盤中靜置約20分鐘。

→說真的，聽到有人說靜置可以使肉「放鬆」都讓我很不爽，他們根本在鬼扯！實際上是這樣的：肉的外層因烘烤稍微變乾，此時會吸收一部分中心的汁液，而汁液隨著冷卻會逐漸變稠。就是這樣！肉本來就沒有緊縮啊……

09

烤箱轉至最高溫。邊角肉和碎骨棄置不用，大蒜去皮壓碎後加入烤盤底的肉汁。倒入白酒刮起鍋底精華，接著全體倒入小湯鍋。小火加熱醬汁，放入奶油，輕輕攪拌使奶油融化。醬汁保溫。

10

烤箱熱度足夠時，羊腿放回烤盤，入爐烤約10分鐘。小心別烤焦，否則就太可惜了！羊腿金黃上色後出爐，取下棉線，切薄片後撒鹽、胡椒。醬汁倒入醬汁盅，然後就可以上桌囉！

這道烤羊腿的肉質軟嫩到不可思議……

為什麼不照慣例，以180℃烘烤羊腿？

烘烤溫度越高，肉就會越乾柴，而裡外的肉質差異也越大。使用較低的溫度，稍微拉長烘烤時間，就能使肉質更軟嫩，裡外熟度更均勻。

為什麼醃料不放鹽？

很簡單。鹽溶於水但不溶於油。如果鹽粒包在油裡，油就形成保護膜，使鹽粒與肉的濕氣無法接觸。鹽無法溶化而維持顆粒狀！

美味的自製馬鈴薯泥搭配羊腿如何？

如此質樸的肉料理，自然適合質樸的配菜。何不搭配美味的自製馬鈴薯泥？可在薯泥中央挖個小凹洞，倒入肉汁。

納瓦杭燉羊肉

用這道經典法國料理歡慶春回大地吧：美味的燜燉羊肉，清爽又色彩繽紛，有胡蘿蔔的橘、豌豆和蘿蔔莖的綠、蕪菁和櫻桃蘿蔔的紫，還有春洋蔥的白。真是令人心情愉悅的一道菜。

更多解釋請見：

肉的尺寸與熟度 132頁

燜 154頁

燉 157頁

如何產生更多精華？ 168頁

高湯和湯汁 228頁

準備：20分鐘

烹調：2小時20分鐘

6人份材料

－小羊肩600公克，切6塊，大小一致

－小羊腿600公克，切6塊，大小一致

－小羊高湯3公升

（新鮮高湯見230頁，或使用冷凍高湯）

－香料束1束，以韭蔥蔥綠包起，用棉線綁緊

（巴西里梗5根、百里香5至6枝、迷迭香1枝）

－大蒜3瓣，去皮，用刀身拍扁

－洋蔥1個，去皮切小丁

－胡蘿蔔1根，削皮切小丁

－橄欖油2大匙

－細海鹽適量

蔬菜：

－新胡蘿蔔1把，削皮，保留2公分莖

－小型新洋蔥1把

－新蕪菁1把，削皮，保留2公分莖

－櫻桃蘿蔔1/4把，切去鬚狀根，保留1公分莖

－豌豆200公克

－新馬鈴薯400公克，清水洗淨

－奶油125公克

－糖1小匙

－烘焙紙1大張

（譯註：新胡蘿蔔、新蕪菁、新馬鈴薯等，在歐美指春天的第一批蔬菜，這些蔬菜體型較小，但口感非常細緻。）

01

小羊高湯倒入大湯鍋，以中火加熱收汁至剩下1/3。

→使用大湯鍋加熱高湯，因為蒸發面積大，收汁速度更快。

02

烤箱預熱至140℃。中大火加熱鑄鐵燉鍋。羊肉塊放入大調理盆，淋橄欖油，充分混合使每塊肉都裹上一層薄薄的油。

→鍋中先倒油而沒放肉，油容易因為溫度過高空燒而焦掉。因此我們在肉上淋油，而非直接在鍋中倒油。

03

燉鍋熱度足夠時，放入4、5塊羊肉，肉塊之間保留些許距離。

→煎肉上色時，肉會流失水分。如果肉塊之間距離太近，水分會困在肉的下方無法蒸發，就會使肉塊被自己的汁液煮熟，無法金黃上色。

04

肉塊煎1、2分鐘至金黃上色，接著翻面，每一面都煎至上色。肉塊起鍋放在盤中備用。

05

轉至小火。香料束、大蒜、洋蔥、胡蘿蔔放入煎過肉的燉鍋。加少許鹽，翻炒至出水收乾，直到洋蔥變透明。

→鹽會使蔬菜流失部分水分。沒有味道的水分蒸發後，可使這些稍後用來製作湯汁的蔬菜風味更好。

06

加入收汁的小羊高湯，刮起黏在鑄鐵鍋底的所有精華。肉放在蔬菜上，蓋上鍋蓋，放進烤箱燜燉1小時30分鐘。

07

料理蔬菜：小火加熱大平底鍋。放入奶油、糖、2大匙水。煮至微微沸騰，加入胡蘿蔔、蕪菁、洋蔥及櫻桃蘿蔔。擺上烘焙紙，沿著平底鍋邊剪下，中央剪一個小洞讓多餘蒸氣蒸散。小火慢煮約20分鐘。

→蔬菜和烘焙紙之間沒有太多空間，因此蔬菜僅流失少許水分，保持鮮嫩。

08

新馬鈴薯放入小湯鍋，倒入剛好蓋過馬鈴薯的水，煮15分鐘。

09

大湯鍋裝水加熱，水沸騰時放入豌豆煮1至2分鐘，再撈起放入裝滿冰水的大碗，避免餘溫繼續煮熟豌豆。

IO

檢查平底鍋中的蔬菜熟度。若鍋底還有少許液體，移除烘焙紙續煮使水分蒸散。加入豌豆輕輕拌勻，續煮2、3分鐘，使蔬菜裹上蜜釉。

→奶油、糖、蔬菜汁液及水在烹煮時混合形成糖漿，裹滿蔬菜，使其帶有釉料般的光澤。

II

檢查羊肉熟度，取出肉塊放入溫熱的分享餐具。如果你覺得醬汁基底不夠濃稠，可用大火加熱2分鐘收汁。反之，如果偏好較稀的醬汁，可加入少許小羊高湯。醬汁淋在肉上，一旁精心擺上蔬菜。

你瞧瞧，羊肉上濃郁的肉汁，還有微甜爽脆的蔬菜，這些春天的色彩是不是美極了？快將完成的精彩料理端上桌吧。你真是太厲害啦！

同時使用羊肩和羊腿肉？

這兩個部位大不相同，因此口感和味道自然也不一樣。羊腿肉質較乾，羊肩油脂較多。這些特性為蔬菜燉羊肉帶來豐富變化，就像蔬菜牛肉鍋使用多個不同部位。

肉塊的大小很重要嗎？

超重要！務必特別告知肉販切成一致大小。如果肉塊大小不一，小塊肉比大塊肉快熟，導致有的肉太老，有的又不夠熟。這樣豈不是有點蠢？

為什麼叫做「納瓦杭」？

很多資料寫道，「納瓦杭」（navarin）一字源自「蕪菁」（navet）——這道料理的材料之一——並因此得名。那怎麼不叫「胡蘿蔔燉羊肉」或「洋蔥燉羊肉」？反正也有這些材料嘛！唉……這些蠢透的解釋真是氣死我了！其實這道料理的名字典故來自1827年的海戰——納瓦杭戰役（bataille de Navarin）。當時的海軍上將德瑞尼（amiral de Rigny）要求以蔬菜取代米食，改善軍隊的飲食。接著這道料理被命名為「納瓦杭燉肉」（ragoût de Navarin），後來又改成「納瓦杭燉羊肉」（navarin d'agneau）。和蕪菁毫不相干……

世界第一脆皮烤雞

你是否曾路過櫥窗掛滿脆皮烤鴨的中國餐廳？吊掛烤鴨是為了使鴨皮乾燥，變得超級香脆。我們也要風乾雞皮，讓它脆到天理不容！

更多解釋請見：
鹽漬和鹽醃 134頁
烘烤 144頁
肉的靜置 164頁

烘烤前三天開始製作（沒錯，就是三天！）
準備：20分鐘
鹽漬：12小時
風乾：48小時
靜置：20分鐘
烹調：3小時15分鐘

4人份材料

- 高品質的雞1隻，2至2.2公斤重，去頭、頸與三角骨
→如此簡單的料理，務必選擇品質極佳的雞，如布列斯雞或古老雞種
- 細海鹽、現磨胡椒適量

鹽水：
- 礦泉水6公升
- 鹽，見步驟3

醬汁：
- 500毫升啤酒1罐
- 洋蔥1個，去皮切小丁
- 胡蘿蔔1根，削皮切小丁
- 洋菇2個，剝皮切小丁
- 大蒜2瓣，用刀身拍扁
- 百里香約15枝

- 奶油70公克，室溫
- 優質不甜白酒3大匙
- 雞高湯200毫升
- 龍艾蒿1枝，取葉片切碎

烹調前三天

01
拆除綑綁全雞的棉線，使雞翅和雞大腿不再緊靠雞身，並拉開雞大腿，使其與雞胸保持距離。
→如果雞大腿緊靠雞身，就必須拉長烘烤時間才能烤熟此部位，而且也難以上色，這樣就太可惜了。拉開雞大腿使其不緊靠雞身，就能大大改善。

02
手指小心鑽入雞皮和雞肉之間，分離皮肉，但千萬不可戳破雞皮。從雞胸開始慢慢往大腿和雞翅上方移動。
→雞肉在烘烤時會流失少許水分。如果雞皮和雞肉保持距離，雞皮較易乾燥，進而大大提升酥脆度。

03
準備鹽水。雞放進大鍋，倒入礦泉水至水位高於雞5公分。剛剛倒入的水確實秤重後，加入水重量6%的鹽。例如4公升的水，就要加入240公克的鹽（之後每多加半公升水，就加入30公克鹽）。鹽溶化後，雞傾斜放入水中，確實排出雞身內腔的空氣後將之放平。蓋上鍋蓋，冷藏12小時。
→全雞傾斜入水可排出雞身內腔的空氣。如此雞才能完全沒入鹽水，讓鹽水充分發揮作用。

烹調前二天

04
用冷水沖洗全雞。大燉鍋裝滿水，煮至沸騰；另準備一個裝滿冰水的大盆。雞放入滾水約30秒，接著撈起浸入冰水。重複此步驟一次，接著擦乾雞內腔和外部

的水。

→滾水汆燙可使品質較差的油脂變成液體流出。立刻浸泡冰水可使雞肉降溫，以免餘溫使肉變熟。

05

啤酒罐表面沖洗乾淨，插入雞的內腔，然後將全雞立起放在大盤上，不包保鮮膜冷藏2天。

→雞皮的濕氣會逐漸蒸發。雞肉有雞皮保護，不會變乾。

烹調當天

06

烤箱預熱至120℃。啤酒罐取出雞身，你可以打開啤酒倒一小杯，但是別整罐喝光。用開瓶器在啤酒罐上方刺幾個小洞，然後將啤酒罐塞回雞內腔讓雞立起，放在烤盤上。烤盤周圍鋪上切小丁的洋蔥、胡蘿蔔、洋菇，還有大蒜和百里香。取50公克奶油塗滿整隻雞表面。烤架放在烤箱低層，使雞位在烤箱中間，雞胸朝向並盡可能靠近烤箱門。烘烤3小時。

→烤箱門散發的輻射熱遠低於烤箱其他地方。即使雞胸和雞腿在相同溫度中，雞胸也會比較慢熟。

→烘烤時啤酒會產生蒸氣，捕捉風味，在雞內腔凝結後緩緩落入烤盤，使醬汁更濃醇。

07

取出烤雞，保持插在啤酒罐的狀態靜置20分鐘。烤盤裡的蔬菜和肉汁全部倒入網勺過濾，做為醬汁基底。

08

烤箱溫度調至最高。達到溫度時放入烤雞，仍維持插著啤酒罐、立在烤盤上，不過這次放在烤箱中央，使整體烤至金黃上色，注意別烤焦了。約需10分鐘。

09

中火加熱肉汁，接著倒入白酒和雞高湯，收汁至剩下一半。烤雞上桌前，將剩下的奶油放入醬汁融化，加入龍艾蒿。以鹽、胡椒調味，倒入醬汁盅。

IO

烤雞維持插著啤酒罐的樣子直接上桌。在友人面前取下烤雞並分切。

聽見餐刀下傳來的雞皮脆裂聲了嗎？你能想像這有多好吃嗎？看看雞皮下的雞肉，充滿光澤又多汁！這道料理簡直美味到逼死人啦！

經過風乾的雞有何不同？

雞皮的組成有3/4是水。只要有水，雞皮就會因濕氣而無法變得香脆。放在冰箱乾燥可使雞皮中一部分的水蒸發，雞皮變乾後就可烤得非常、非常、非常香脆。

為什麼要用鋁罐？

的確要用鋁罐，但是要用500毫升的大鋁罐，這點很重要！鋁罐必須半滿，尤其要洗得乾乾淨淨，因為我們要把雞插在上面。雞「站著」進烤箱，每個部分都暴露在烤箱高溫中，因此雞皮每個角落都能烤的香脆無比。

鹽水有什麼作用？

前面提過很多次，肉經過鹽漬就會更加多汁。有的部位烹調後最多可提高20%的肉汁含量，超多的！

低溫烤鴨胸

你當然可以和所有的人一樣，用平底鍋煎鴨胸。但是看看鴨胸，一面是肉，另一面是鴨皮和脂肪。你真的要用一樣的方法、一樣的溫度，煎熟鴨胸截然不同的兩面嗎？

更多解釋請見：

溫度和廚用溫度計 110頁

鹽漬和鹽醃 134頁

煎 142頁

準備：5分鐘

鹽醃：1小時

烹調：5分鐘＋1小時

4人份材料

－優質鴨胸2副

－細海鹽適量

－現磨胡椒適量

－縫紉用針1根

01

盤子裡放4大匙鹽，鴨皮面朝下放入盤中，室溫靜置1小時

→鹽溶解時會吸收鴨皮中的水分，使鴨皮變乾，烹調後變得超級香脆。

02

刮除未溶化多餘的鹽，然後用廚房巾擦乾鴨胸。烤箱預熱至80℃。

→我建議使用溫度計確認烤箱溫度確實是80℃，而非60℃或100℃，這不是沒有可能⋯⋯

03

縫紉用針沖洗乾淨，戳刺鴨皮至脂肪，但不可刺到肉。約刺50個小孔。

→別擔心，針孔小到料理完成後完全看不出來。

04

中火加熱大平底鍋，鴨皮面朝下入鍋，注意兩塊鴨胸之間保持距離。煎約5分鐘，期間撈去數次融化的油脂。

→雖然肉眼看不出來，不過鴨皮下一大部分的脂肪會從針刺的這些小孔流出。

05

輕壓超出肉的鴨皮。鴨皮金黃上色後翻面，鴨肉面煎2分鐘。接著鴨皮面朝上放進烤盤，置於烤箱中層烤45分鐘。

→低溫可避免鴨肉收縮，流失肉汁：鴨肉烤熟的同時也能維持軟嫩多汁。這個溫度烤出的鴨胸熟度也更均勻。

06

確認鴨胸的中心溫度：三分到五分熟熟度的中心溫度介於55到60℃。

07

鴨胸出爐前，大火加熱平底鍋。取出鴨胸，皮朝下放入平底鍋煎**2**分鐘加熱，讓鴨皮恢復香脆。

08

切除邊緣多餘的鴨皮後，鴨胸斜切成片。

→斜切可切斷肌肉纖維。纖維越短，肉越容易咀嚼，也顯得更軟嫩。

09

撒鹽、胡椒，就可以上桌囉。

幾塊鴨胸、少許鹽和胡椒，只花**5**分鐘的工夫，就能讓完成的料理截然不同。料理是不是就像變魔術啊？

鴨皮不用像平常那樣劃刀痕嗎？

通常人們會在鴨皮上劃幾刀，理由是避免鴨皮烹調時收縮。真是亂來！

由於刀痕之間仍有許多空間，可憐的鴨皮無論有沒有劃刀痕，烹調後都會收縮。

為什麼鴨皮要在烹調前加鹽？

鴨皮含大量水分。為了讓鴨皮香酥迸脆，必須盡量降低水分含量。烹調前加鹽，鹽能吸收部分濕度，使鴨皮變乾。烹調時鴨皮可快速煎至香脆，進而避免鴨肉過熟。

為什麼要用針戳刺鴨皮？

這點很有意思：鴨皮下的脂肪在烹調時會因受熱而略微融化。肉眼看不見的微小針孔可讓這些脂肪流至平底鍋，以免烹調後皮下的脂肪過厚。

為什麼烹調前不切除邊緣多餘的鴨皮？

千萬不可以！前面才說過鴨皮受熱會收縮，這些多餘的鴨皮也會收縮變小，但收縮程度大或小，我們無從得知，因為每塊鴨胸不盡相同。絕對不可烹調前切除多餘的鴨皮，烹調後再切可使熟度更一致、切割更俐落。

為什麼用烤箱完成烹調？

烹調鴨胸有兩大困難：鴨胸兩面截然不同，需要的溫度和時間也不一樣。為了使完成品更美味，鴨皮必須使用高溫的平底鍋，鴨肉面則需要低溫。最好的方法，就是只用平底鍋煎香鴨皮，接著快速煎熟鴨肉表面，最後放進烤箱低溫烤熟，使整塊鴨胸溫熱、內部轉熟。這麼做就可避免鴨肉面經常過熟的問題。

小屁蛋炸雞

孫兒們這週末要來看你嗎？或者幾個童心未泯的朋友要殺到你家吃飯？忘了那個「某上校」炸雞吧，這道食譜將讓他們認識真正的炸雞：爽口不膩、超級香脆，而且多汁又美味。

更多解釋請見：
醃漬 136頁

烹調當天早上或前一天開始製作
準備：20分鐘
醃漬：2至24小時
靜置：2小時
烹調：15分鐘

6人份材料
— 去骨去皮農場雞腿排6塊

綜合香料和醃料：
— 蒜粉2小匙
— 煙燻紅椒2小匙
— 乾燥奧勒岡2小匙
— 芫荽籽粉1小匙
— 現磨肉豆蔻粉1小撮
— 卡宴辣椒粉1/4小匙
— 現磨胡椒1小匙
— 細海鹽1/2小匙
— 白脫牛奶300毫升（或混合200毫升牛奶和100毫升保加利亞優格）

醬汁：
— 奶油2大匙
— 洋蔥1個，去皮切細丁
— 大蒜3瓣，去皮切小丁
— 玉米粉1小匙

— 牛奶200至250毫升
— 法式鮮奶油200毫升
— 細海鹽、現磨胡椒適量

炸油和麵衣：
— 花生油1.5公升
— 全蛋1個，打散
— 鹽1/4小匙
— 麵粉100公克
— 玉米粉50公克
— 泡打粉約5公克

烹調當天早上或前一天

01
取一塊雞腿排放入冷凍密封袋，用單柄湯鍋底敲打拍扁至1公分厚。其餘雞腿排也以同樣方式敲打拍扁。

02
準備綜合香料和醃料：所有辛香料和鹽、大蒜混合，預留2/3備用；剩下的1/3與白脫牛奶混合均勻，做成醃料。

03
雞腿排放入醃料，使每塊雞腿裹滿醃料。包上保鮮膜，放入冰箱冷藏至少2小時，隔日更佳。

烹調當天

04
從冰箱取出雞腿排，稍微倒出多餘的醃料，室溫靜置2小時使雞肉回溫。保留醃料。

05
製作醬汁：小火加熱大平底鍋，放入奶油融化，接著放進洋蔥，撒少許鹽，翻炒至出水收乾3、4分鐘。

加入大蒜，續炒2分鐘。倒入玉米粉拌炒1、2分鐘，直到玉米粉充分吸收奶油。接著倒入牛奶和法式鮮奶油，續煮數分鐘收乾，使整體變稠。試試味道，加大量胡椒和適量的鹽。

06

準備油鍋。花生油倒入大型淺煎鍋，加熱至160℃。

→爽口炸物的祕訣，就是全程保持炸油高溫，使雞肉和麵衣中的水分變成蒸氣排開炸油。反之，如果油溫不夠高就無法產生蒸氣，麵衣會吸收炸油，使炸雞油膩。選用加熱面積更大的大型淺煎鍋或大平底鍋較理想。

07

烤箱預熱至140℃。預留的綜合辛香料和製作麵衣的蛋液、鹽、麵粉、玉米粉及泡打粉混合均勻。加入3大匙醃料，用叉子拌勻。

→麵粉接觸到醃料，就會形成許多濕潤的小顆粒，油炸時迸裂，使麵衣香脆無比。

08

雞腿排一次一隻放入裹滿麵糊，用力按壓使麵糊充分附著每一面。

09

確認油溫：放入一小塊麵包丁，30秒後炸至金黃上色代表油溫足夠。雞腿排輕輕放入淺煎鍋。麵衣炸至金黃上色後才可移動翻面，約需2分鐘。翻面，再炸2分鐘至金黃上色。

10

炸好的雞腿排放在雙層廚房紙巾上。另取一張廚房紙巾輕輕按壓雞排上方。

→如此可吸去90%的殘留炸油。

11

網架放在烤箱中間，放上雞腿排，別忘了下方放一個烤盤承接掉落的碎屑。

→如此炸雞可保持熱燙，蒸氣繼續散發，防止殘留的

炸油進入麵衣，很神奇吧！

→炸雞不可放入烤盤，否則蒸氣會被困在炸雞下方，使麵衣變軟，太慘啦！

12

小火加熱濃稠的醬汁，倒入醬汁盅。從烤箱取出炸雞，和醬汁一起上桌。

先端給孩子們，淋上少許醬汁……啊！他們沒等你就開動了。看他們吃得這麼香就是最大的幸福！

白脫牛奶到底是什麼？

白脫牛奶就像略帶疙瘩的牛奶，味道則像較酸的優酪乳。攪打鮮奶油製作奶油時會出現白色的液體，也就是乳清，又稱「酪乳」或「白脫牛奶」。這種微酸的牛奶經常用來製作雞肉醃料。

加泡打粉？

沒錯！泡打粉與醃漬汁的水氣混合時會產生氣體，使麵衣膨脹，變的輕盈爽脆。超好吃的！

為什麼不用雞胸肉？

想想烤雞，哪裡才是最美味、最多汁的部位？雞胸還是雞腿？當然是雞腿啦！所以這道炸雞料理我們用的就是雞腿。

肥肝填鵝

注意，鵝是表裡不一的動物：雖然肥油很多，鵝肉卻很瘦，而且能吃的部分遠比想像中的少。訣竅就是低溫慢烤，以免鵝肉乾柴。

更多解釋請見：
鹽漬和鹽醃 134頁
烘烤 144頁
高湯和湯汁 228頁

烹調前一天或前兩天開始製作
準備：45分鐘
乾燥：24至48小時
靜置：30分鐘
烹調：5小時30分鐘

10人份材料

－農場鵝1隻，4至4.5公斤（保留鵝肝和內臟製作醬汁）
－細海鹽1小匙
－現磨胡椒適量
－縫紉用針1根

醬汁：
－鵝肝和內臟切小丁
－鵝油1大匙
－雞肝100公克，切小丁
－洋蔥1大個，去皮切小丁
－胡蘿蔔2根，削皮切小丁
－大蒜4瓣，用刀身拍扁
－香料束1束，以韭蔥蔥綠包起、用棉線綁緊
（巴西里梗5根、百里香2枝）
－波特酒50毫升
－紅酒400毫升
－雞高湯1公升

（新鮮高湯作法見230頁，或用冷凍高湯）
－奶油50公克，切小丁
－細海鹽適量

填餡：
－生肥肝400公克，切1公分見方
－小牛絞肉400公克
－大蒜3瓣，去皮切小丁
－紅蔥頭3大個，去皮切小丁
－巴西里10枝，取葉片切碎
－日式麵包粉4大匙（見197頁）
－蛋2個
－法式鮮奶油2大匙
－麵包小脆丁約20個
－細海鹽、現磨胡椒適量
－料理用棉線
→請肉販提供

烹調前一天或前兩天

01
輕輕摘下全鵝內腔入口兩側的團狀脂肪，棄置不用。
→這兩團脂肪會為鵝肉帶來不好的味道。

02
縫紉用針清洗乾淨後，在整隻鵝表面刺滿小孔，但不可刺到鵝肉。

→鵝擁有一層厚厚的皮下脂肪，在游水時具禦寒功能。胸部的脂肪最厚。針孔可讓受熱融化的油脂流出。

03
大湯鍋裝半鍋水煮至沸騰。抓著腳部將整隻鵝浸入滾水2、3分鐘。取出冷卻5分鐘，接著抓著翅膀，將下半部浸入滾水。冷卻後充分擦乾全鵝裡外。
→整隻鵝浸入滾水時，皮下的脂肪受熱，一部分變成液體從針孔流出。

04

整隻鵝表面抹鹽。輕輕按壓使鹽充分附著,接著放上網架,冷藏乾燥**24至48小時**。

→鹽具有加速乾燥的功能,使烘烤後的外皮更香脆。

05

製作醬汁:內臟和鵝油放入平底鍋,煎**7、8分鐘**至金黃後放入盤中備用。接著放入鵝肝和雞肝煎**1分鐘**至金黃上色,放入碗中備用。轉小爐火,放入蔬菜丁、大蒜和香料束,撒少許鹽,慢慢炒至洋蔥變透明。倒入波特酒略微收汁,並充分刮起鍋底精華。倒入紅酒,收汁至剩下一半後倒入至平底鍋一半高度的水。放入內臟,蓋上鍋蓋以極小火煮**1小時**。接著倒入雞高湯,不加蓋收汁至剩下一半。

06

鵝肝和雞肝用調理機攪打成泥。高湯倒入網勺過濾,用力擠壓蔬菜。稍微冷卻後,肝醬加入高湯混合均勻。蓋上保鮮膜,冷藏一夜。

→靜置期間風味會更加濃郁豐美。

烹調當天

07

製作填餡:肥肝丁放入熱平底鍋快速乾煎**1分鐘**。其他填餡材料放入調理盆輕輕拌勻,最後才放入肥肝和乾煎產生的油脂。填餡塞入鵝的內腔,最後用棉線縫起。

→棉線穿過手邊最粗的縫紉用針,從腔室開口前方2公分處刺入鵝肉,交叉縫起。不可縫的太緊,以免扯破鵝皮。

08

烤箱預熱至**140℃**。全鵝以「側躺」方式放上烤盤,置於烤箱中間高度,胸肉盡量靠近烤箱門。烘烤**1小時30分鐘**,期間不時澆淋全鵝產生的油脂。接著再換面「側躺」,記得澆淋油脂。如果烤盤底油脂過多,可取出一部分。**1小時30分鐘**後(距離一開始放進烤箱3小時後),鵝背部朝下擺放,澆淋油脂,烤盤置於烤箱中間,續烤**1小時**。

→切記胸肉一定要靠近烤箱門。此部分的輻射熱最

少,因此熱度比烤箱其他部分溫和許多,最適合烘烤胸肉,避免肉質乾柴。

09

烘烤**4小時**後,取出烤鵝;油脂裝入大碗,之後可以用來煎馬鈴薯,非常美味。烤鵝室溫靜置**20分鐘**,接著將烤箱調至最高溫。

10

鵝放入高溫的烤箱烤至上色(約**10分鐘**),記得時時檢查,避免烤焦。小火加熱醬汁,一邊少量多次加入奶油,並不停攪打。

11

切下鵝肉,略撒鹽、胡椒,醬汁倒入醬汁盅。

快快快,快將這道美食端上桌,大家都等不及囉!

烹調前一天在鵝皮上抹鹽?

沒錯,沒錯!鹽會吸收鵝皮一部分的水分,加上不包裹直接冷藏,鵝皮也會繼續變乾,烘烤時變得無比香脆。

填餡

大家都說填餡可增添禽肉風味,千萬別相信,根本不是這樣!填餡無法增添肉質風味的原因不只一個,而是三個:

1. 我們現在知道醃料需要很長時間才能滲入肉裡。你以為餡料的味道會更快進入肉裡嗎?真是太天真了!

2. 禽類內腔有一層薄膜,用來隔離肌肉和消化器官。這層薄膜可防水,因此填餡的風味無法穿透。

3. 薄膜和肉之間還有骨頭構成的胸肋。你覺得風味也會在幾小時內穿透骨頭嗎?

高湯和湯汁

你當然可以用清水加蔬菜烹煮你的蔬菜牛肉鍋、白醬燉小牛肉,或是你的蔬菜雞肉鍋。用清水洗起鍋底精華製作醬汁也沒什麼不可以。但是為什麼不選擇更好的方法……來來來,讓我解釋給你聽。

更多解釋請見:
什麼鍋配什麼肉 106頁
煮 150頁
煮的奧祕 152頁
梅納反應 174頁
味覺二三事 182頁

牛高湯

準備:10分鐘
烹調:至少6小時
靜置:1小時

4公升高湯材料
－牛肉2公斤(牛尾、牛小排、牛膝)
－帶骨骨髓2塊
－牛骨1公斤,請肉販代為敲碎
－洋蔥2大個,對切為二
－洋菇100公克,清理乾淨,切小丁
－胡蘿蔔3根,削皮切小丁
－韭蔥蔥白2枝,洗淨後切丁
－大蒜6瓣,拍扁
－丁香5個
－香料束1束,以韭蔥蔥綠包起,用棉線綁緊
　(巴西里梗10根、百里香5至6枝、月桂葉2片對切)
－橄欖油2大匙

01
烤箱預熱至200℃,拿出你最好的鑄鐵燉鍋。牛骨抹少許橄欖油,放入燉鍋,進烤箱烤30分鐘至金黃上色,期間不時翻面。呈美麗的金褐色時即取出熱燙的燉鍋。

→這個看似微不足道的步驟其實是高湯的基礎。牛骨上的小肉屑和骨頭末端的軟骨皆烤至金黃上色,骨髓融化,在燉鍋底形成鍋底精華。總之,這些都會形成大量鮮美風味。

02
牛骨取出放在盤中備用。燉鍋加熱至極高溫,然後放入牛肉,洋蔥切口面朝下入鍋。煎5、6分鐘至金黃上色,牛肉煎3分鐘後才可翻面。

→此步驟要盡可能在燉鍋中形成鍋底精華,並讓肉表面產生大量梅納反應產生風味,做出美味無比的高湯。

03
取出牛肉,放在盤中備用。洋菇、蔬菜、大蒜、丁香,以及香料束放入燉鍋,小火拌炒5分鐘至軟化。

04
牛肉和牛骨放回燉鍋,倒入蓋過食材5公分的水,小火加熱,不可沸騰或微沸。

→最多只冒出少許煙、偶爾有小氣泡浮上水面。此時正在浸泡骨肉,盡量萃出所有風味。

→以這個溫度烹煮,就不會產生任何浮渣或泡沫。

05
不要加鹽或胡椒,也不可攪拌,不要加蓋。就這樣小火浸煮至少6小時。

→這段時間裡,所有放進燉鍋的食材會慢慢釋放風味至液體,而無味的水會蒸散,使湯汁的風味逐漸變濃。如果牛肉或牛骨露出水面,可再倒入少許水。一切交給時間……再說一次:現在正在浸煮。

06

熬煮完成後靜置1小時冷卻。網勺或鋪廚房巾的濾水盆下方放大調理盆，倒入高湯過濾。

→廚房巾會濾去熬煮時產生的小渣滓，使高湯更加清澈鮮美。

至高無上的美味高湯完成啦！

高湯就像泡茶

製作高湯或湯汁時，目的不是要烹煮肉，而是要讓肉的風味盡量進入水中，和你在泡馬鞭草或椴花茶完全一樣。所以千萬別忘了：煮高湯就像泡茶。

高湯適合冷凍

高湯完成後用紗布過濾，裝進密封容器冷凍，需要時隨時都能取出使用，例如蔬菜牛肉鍋或蔬菜雞肉鍋。

浮沫和雜質

常常聽到有人說必須撈去湯汁表面的浮沫和雜質……別聽信這些人的話，他們根本胡說八道。首先，「浮沫」一詞的定義是「液體和雜質的混合」。什麼？我們的肉裡有雜質？那炭烤牛肋排或炒蔬菜的時候，該拿這些雜質怎麼辦？不能怎麼辦，因為沒有雜質，就只是肉和蔬菜罷了。湯汁表面形成的白色泡沫，是凝結的蛋白質、油脂和空氣的混合。所以別在意不存在的雜質了。不過還是要撈去這些略帶苦味的泡沫。

如何避免產生這些泡沫？

有趣的是，所有食譜都叫我們要「撈去浮沫」。如果我們讓浮沫（或泡沫）無法形成呢？完全沒有或只有少許浮沫的祕訣，就是以低於即將沸騰的溫度烹煮。

準備非常快速

高湯或湯汁的準備時間非常短，只要10分鐘！熬煮才是費時的部分，不過完全不礙事，因為只要放著不管它就可以了。這段時間裡，你可以看書，打電話跟好朋友聊聊天……

高湯、湯汁、澄清高湯、濃湯

高湯（fond）的熬煮時間很長，而且加入骨頭以盡可能萃取風味。湯汁（bouillon）的熬煮時間較短，通常不使用骨頭。澄清高湯（consommé）是加入蛋白和碎肉以吸附或去除所有浮渣的高湯或湯汁，非常清澈。濃湯（velouté）則是使用湯汁，並加入油糊（奶油＋麵粉）增稠的湯。如果加入液態鮮奶油，就變成奶油濃湯（crème）了；有時也加入蛋黃。

要不要去油？

湯汁冷卻時，油脂會浮上表面變成薄薄一層。你可以撈去並保留部分油脂，也可全部撈除。如果保留全部的油脂，湯汁的風味較不鮮明，但是在口中餘韻較長。若保留部分油脂，則風味較細緻。如果去除所有油脂，風味就會顯得非常纖細高雅。但是無論如何都不要丟棄撈除的油脂，這些油脂非常適合取代液態油，可加入油醋汁或淋在蔬菜上……

小牛高湯

準備：10分鐘
烹煮：至少6小時
靜置：1小時

4公升高湯材料

—小牛肉2公斤
（選用牛隻下半部的肉，如牛尾、小排）
—帶骨骨髓2公斤
—小牛牛骨2公斤，請肉販代為敲碎
—洋蔥1大個，對切為二
—洋菇100公克，清理乾淨後切小丁
—胡蘿蔔3根，削皮切小丁
—韭蔥蔥白2枝，洗淨切小丁
—大蒜4瓣，拍扁
—丁香2個
—香料束1束，以韭蔥蔥綠包起並用棉線綁緊
（巴西里梗10根、百里香5至6枝、月桂葉2片對切）
—橄欖油2大匙

作法同牛高湯：骨頭和肉分別先後烤至金黃上色，然後炒軟蔬菜和洋菇，最後加水慢慢熬煮全部食材至少6小時。

小羊高湯

準備：10分鐘
烹煮：4小時
靜置：1小時

3公升高湯材料

—小羊肉1公斤
（選用羊隻下半部的肉，如胸肉、頸肉）
—小羊骨1公斤，請肉販代為敲碎
—洋菇100公克，清理乾淨後切小丁
—胡蘿蔔3根，削皮切小丁
—韭蔥蔥白2枝，洗淨後切丁
—洋蔥2大個，對切為二
—大蒜6瓣，拍扁
—芹菜梗1枝，洗淨
—香料束1束，以韭蔥蔥綠包起並用棉線綁緊
（巴西里梗5至6根、百里香5至6枝）
—奶油2大匙

作法同牛高湯：骨頭和肉分別先後烤至金黃上色，然後炒軟蔬菜和洋菇，最後加水慢慢熬煮全部食材4小時。

美味高湯的黃金法則

水的品質

這點非、常、重、要！水，是湯汁的主要材料。如果你家的自來水有怪味，最好買幾瓶礦泉水製作高湯，多花一點小錢就能使成品截然不同。

不要放鹽和胡椒

鹽會妨礙肉的精華風味進入湯汁，而胡椒在湯汁中浸煮會變得又苦又澀，因此最後才放鹽和胡椒。古時候的人放胡椒並不是為了風味，只是為了殺菌。

熬煮時間

要花費極長時間浸煮肉，才能使其釋放所有風味，因此雞高湯至少需要2小時，牛高湯則要6至7小時。

豬高湯

準備：10分鐘
烹煮：至少6小時
靜置：1小時

4公升高湯材料

- 豬肉2公斤（如豬頰、上胸肉、腱子肉）
- 豬皮200公克
- 豬骨1公斤，請肉販代為敲碎
- 洋蔥1大個，對切為二
- 洋菇200公克，清理乾淨後切小丁
- 胡蘿蔔3根，削皮切小丁
- 韭蔥蔥白2枝，洗淨切小丁
- 大蒜6瓣，拍扁
- 丁香5個
- 香料束1束，以韭蔥蔥綠包起並用棉線綁緊
  （巴西里梗10根、百里香5至6枝、月桂葉2片對切）
- 橄欖油2大匙

作法同牛高湯：骨頭和肉分別先後烤至金黃上色，然後炒軟蔬菜和洋菇，最後加水慢慢熬煮全部食材至少6小時。

雞高湯

準備：10分鐘
烹煮：2小時
靜置：1小時

3公升高湯材料

- 雞翅和棒腿1公斤
- 雞骨架3副，切小塊
- 洋菇200公克，清理乾淨後切小丁
- 胡蘿蔔3根，削皮切小丁
- 韭蔥蔥白2枝，洗淨後切丁
- 洋蔥2大個，對切為二
- 大蒜6瓣，拍扁
- 丁香2個
- 芹菜梗1枝，洗淨
- 香料束1束，以韭蔥蔥綠包起並用棉線綁緊
  （巴西里梗5至6根、百里香5至6枝）
- 奶油2大匙

作法同牛高湯，但骨頭和肉不需烤至金黃上色，洋蔥也不用煎至金黃：炒軟蔬菜和洋菇，然後放入雞肉和骨架，加水慢慢熬煮全部食材2小時。

工具的材質

別隨便拿支湯鍋就開始煮高湯，萬萬不可！湯鍋或燉鍋的材質至關重要，必須是鑄鐵或不鏽鋼。千萬不可用鐵製湯鍋。

熬煮的溫度

我的老天爺啊，拜託別煮沸，連微微沸騰都不行！浸煮的同時，肉裡的膠原蛋白也會融化，變成美味的膠質。水只能冒煙，偶爾有幾個小氣泡浮上水面，其他都不行！

確認高湯的品質

冷藏一個晚上後，你的高湯應該已經變成美麗可口的凝凍，有如紅醋栗果凝。這就是肉裡的膠原蛋白變成飽含風味的膠質的證明。簡直是世界第一美味！

索引

目錄

參考書目

Alberti P., Panea B., Sanudo C., Olleta J.-L., Ripoli G., Ertbjerg P., Christensen M., Gigli S., Failla S., Concetti S., Hocquette J.-F., Jailler R., Rudel S., Renand G., Nute G.-R., Richardson R.-I., Williams J.-L., « Live weight, body size and carcass characteristics of young bulls of fifteen European breeds », *Livesock Science*, 2008.

Allen P., « Test du système MSA pour prédire la qualité de la viande bovine irlandaise », *Viandes & produits carnés*, 2015.

Barnes K. K., Collins T. A., Dion S., Reynolds H., Riess S. M., *Importance of cattle biodiversity and its influence on the nutrient composition of beef*, Iowa State University, 2012.

Bastien D., « Suspension pelvienne, un impact important sur la tendreté des gros bovins », *Viandes & produits carnés, n°24*, 2005.

Bernard C., Cassar-Malek I., Gentes G., Delavaud A., Dunoyer N., Micol D., Renand G., Hocquette J.-F., « Qualité sensorielle de la viande bovine : identification de marqueurs génomiques », *Viandes & produits carnés n°26*, 2007.

Christensen M., Ertbjerg P., Failla S., Sañudo C., Richardson R.-I., Nute G. R., Olleta J.-L., Panea B., Albertí P., Juárez M., Hocquette J.-F., Williams J.-L., « Relationship between collagen characteristics, lipid content and raw and cooked texture of meat from young bulls of fifteen European breeds », *Meat Science*, 2011.

Collectif, *Les qualités organoleptiques de la viande bovine, bases scientifiques pour une bonne utilisation culinaire*, Centre d'information des viandes, 2004.

Contreras J., *L'alimentation carnée à travers les âges et la culture*, 12ᵉ Journée des sciences du muscle et technologies des viandes, 2008.

Cornu A., Kondjoyan N., Frencia J.P., Berdagué J.-L., « Tracer l'alimentation des bovins : déchiffrer le message des composés volatils des tissus adipeux », *Viandes & produits carnés n°22*, 2001.

Cuvelier C., Clinquart A., Cabaraux J.-F., Istasse L., Hornick J.-L., « Races bovines bouchères, stratégies d'orientation des viandes par analyse factorielle », *Viandes & produits carnés n°24*, 2005.

De Smet S., « Meat, poultry and fish composition; Strategies for optimizing human intake of essential nutrients », *Animal Frontiers*, 2012.

Dolle J.-B., Gac A., Le Gall A., *L'empreinte carbone du lait et de la viande bovine*, Rencontre Recherches Ruminants, 2009.

Durand D., Gatelier P., Parafita É., « Stabilité oxydative et qualités des viandes », *Inra Productions Animales*, 2010

Ellies-Oury M.-P., Durand Y., Delavigne A.-E, Picard B., Micol D., Dumont R., « Objectivation de la notion de grain de viande et perspectives d'utilisation pour évaluer la tendreté des viandes de bovins charolais », *Inra Production Animale*, 2015.

Escalon S., *Ne dites plus goût mais flaveur*, Inra, 2015.

Gandemer G., Duchène C., *Valeurs nutritionnelles des viandes cuites*, Centre d'information des viandes, 2015.

Geay Y., Beauchart D., Hocquette J.-F., Culioli J., *Valeur diététique et qualités sensorielles des viandes de ruminants. Incidence de l'alimentation des animaux, Inra Productions Animales*, 2002.

Guillemin N., Cassar-Mallek I., Hocquette J.-F., Jurie C., Micol D., Listrat A., Leveziel H., Renand G., Picard B., « La maîtrise de la tendreté de la viande bovine : identification de marqueurs biologiques », *Inra Productions Animales*, 2009.

Hall J.-B., Hunt M.-C., « Collagen solubility of A-maturity bovine longissimus muscle as affected by nutrinional regimen », *Journal of animal science*, 1982.

Hocquette J.-F., « Les lipides dans la viande : mythe ou réalité ? », *Cahiers Agriculture*, 2004.

Hocquette J.-F., Botreazu R., Legrand I., Polkinghome R., Pethick D. W., Lherm M., Picard B., Doreau M., Terlouw E.-M.-C., « Win-win strategies for high beef quality, consumer satisfaction, and farm efficiency, low environmental impacts and improved animal welfare », Animal Production Science, 2014.

Hocquette J.-F., Gigli S., *Indicators of milk and beef quality*, European Association for Animal Production, 2005.

Hocquette J.-F., Ortigues-Marty I., Picard B., Doreau M., Bauchart D., Micol D., « La viande des ruminants, de nouvelles approches pour améliorer et maîtriser la qualité », *Viandes & produits carnés n°24*, 2005.

Hocquette J.-F., Van Wezemael L., Chriki S., Legrand I., Verbeke W., Farmer L., Scollan N.-D., Polkinghorne R., Rodbotten R., Allen P., Pethick D. W., « Modelling of beef sensory quality for a better prediction of palatability », *Meat Science*, 2014.

Jurie C., Martin J.-F., Listrat A., Jailler R., Culioli J., Picard B., « Carcass and muscle characteristics of bull cull cows between 4 and 9 years of age », *Animal Science*, 2006.

Kondjoyan A., Oillic S., Portanguen S., Gros J.-B., « Combined Heat Transfer and Kinetic Models to Predict Cooking Loss During Heat Treatment of Beef Meat », *Meat Science*, 2013.

Manuel Juarez J., Larsen I. L., Klassen M., Aalhus J. L., « Évolution de la tendreté du bœuf canadien entre 2001 et 2011 », *Viandes & produits carnés*, 2013.

Martineau C., « Viande de veau, importance de l'évolution de la couleur après 24 heures post mortem », *Viandes & produits carnés n°26*, 2006.

Matthews K., « Le standard de qualité EBLEX : un exemple de démarche qualité en Angleterre », *Viandes & produits carnés*, 2015.

Micol D., Jurie C., Hocquette J.-F., « Muscle et viande de ruminant – Qualités sensorielles de la viande bovine. Impacts des facteurs d'élevage », *Quæ*, 2010.

Normand J., Rubat É., Évrat-Georgel C., Turin F., Denoyelle C., « Les Français sont-ils satisfaits de la tendreté de la viande bovine ? », *Viandes & produits carnés*, 2014.

Normand J., Rubat E., Evrat-Georgel C., Turin F., Denoyelle C., *Enquête nationale sur la tendreté de la viande bovine proposée au consommateur français,* Rencontre Recherches Ruminants, 2009.

Ouali A., Herrera-Mendez C. H., Coulis G., Becila S., Boudjellal A., Aubry L., Sentandreu M. A., « Revisiting the conversion of muscle into meat and the underlying mechanisms », *Meat Science,* 2006.

Ouali A., Herrera-Mendez C.-H., Becila S., Boudkellal A., « Maturation des viandes, une nouvelle donne pour la compréhension de la maturation des viandes », *Viandes & produits carnés n°24,* 2005.

Oury M.-P., Agabriel C., Agabriel J., Blanquet J., Micol D., Picard B., Roux M., Dumont R., « Viande de génisse charolaise, différenciation de la qualité sensorielle liée aux pratiques d'élevage », *Viandes & produits carnés n°26,* 2007.

Parafita É., « Les viandes marinées, que savons-nous sur le marinage des viandes ? », *Viandes & produits carnés n°28,* 2011.

Parafita É., « L'instabilité de couleur des UVCI de bœuf », *Viandes & produits carnés n°27,* 2009.

Pethick D.-W., Harper G.-S., Hocquette J.-F., Wang Y.-H., *Marbling biology – what do we know about getting fat into muscle ?,* Australian beef – The leader conference – « The impact of science on the beef industry », 2006.

Picard B., Bauchard D., « Muscle et viande de ruminant », *Quæ,* 2010.

Piccigirard L., « Cuisson industrielle des viandes, mécanismes et contraintes », *Viandes & produits carnés n°27,* 2009.

Polkinghorne R.-J., Breton J., « Qualité des carcasses et des viandes bovines pour le consommateur », *Viandes & produits carnés,* 2013.

Richard H., Giampaoli P., Toulemonde B., Duquenoy A., *Flaveurs et procédés de cuisson,* École nationale supérieure des Industries agricoles et alimentaires.

Thomas E., « État d'engraissement des carcasses », *Viandes & produits carnés n°23,* 2003.

Thompson J.-M, « The effects of marbling on flavour and juiciness scores of cooked beef, after adjusting to a constant tenderness », *Australian Journal of Experimental Agriculture,* 2004.

Thornberg E., « Effects of heat on meat proteins – Implication on structure and quality of meat products », *Meat Science,* 2005.

Tribot Laspière P., Chatelin Y.-M., « Le procédé « Tendercut », un impact non négligeable sur la tendreté de la viande de gros bovins », *Viandes & produits carnés n°25,* 2006.

謝詞

首先，我要感謝，大大感謝！我的太太Marine，給予我許多時間完成這本書。謝謝妳在如此漫長的過程中支持我。親愛的，妳是全世界最棒的，我愛妳！

大大大感謝Marabout全體團隊；說真的，我從來沒想過竟然可以在這種條件下工作。
感謝Emmanuel Le Vallois和Raphaële Wauquiez給我極大自由，慢慢完成進度和找資料做功課，也謝謝你們妙手編排這麼多的資訊。
感謝Alexandre Livonnet設計版面，讓這堆資訊變得容易消化。
感謝Agathe Legué不給我任何壓力，追蹤並配合我的書寫進度。
感謝Marion Pipart編排文字和插畫等等一切。
感謝Sophie Villette為排版費煞苦心。
同時感謝Anne Bonvoisin和Alizé Bouttier接手負責我的心血結晶……

對Jean Grosson獻上無盡感謝，謝謝他花費許多時間為本書繪製這麼漂亮的插畫，真是太了不起了！我們以為做不到的事，最後竟然完成了。
謝謝，完成這本書你功不可沒。

騰出時間與我分享知識與解釋，惠我良多的眾多人士中：
非常感謝分子料理之父Hervé This提供其研究資料及文章，並特地撥冗回答我的問題。
同時也感謝負責法國國家農業研究院肉產部門的Jean-François Hocquette，不吝與我分享無數科學研究報告，給我極大幫助。也謝謝國家農業研究院的Émilie Parafita。

最後要感謝所有花時間回答我各種疑難雜症的人們，以下不按姓氏字首順序：
Charles Dufraisse、Éléonore Sauvageot、Patrick Duler、Éric Ospital、Joris Pfaff、Gérard Vives、Stéphanie Maubé、Alessandra Pierini、Chihiro Masui、Jean-François Ravault、Jacques Reder、Cédric Landais、Sylvie Horn、Xavier Épain與其夥伴Jean-Charles Cuxac，綽號「Le Cube」、Francis Fauchère、Jacques Appert、Thomas S.B.、Claude Élissade、Vincent Pousson、Vincent Giroud，最後是Anne Etorre……

雖然不如《星際大戰》的開場字幕這般落落長，但也相去不遠了 ☺

推薦書單

作者：比爾‧普萊斯
（Bill Price）
譯者：王建鎧
定價：480元

改變歷史的50種食物

一本時間軸橫亙數千萬年、吃遍世界所有角落，
述說食物形塑人類生活、歷史與文化的美味故事集！

‧超過150幅繪圖海報、實物照片與藝術作品；
‧超過15萬字的生動描述，以及美味料理的由來及做法；
‧從文化、社會、經濟、政治、軍事等面向，回味人類以
　食物構築的文化；
‧50種食物依時序上桌，從猛　象開動，以黃金米收尾，
　樣樣耐人尋味。

作者：蘇彥彰
定價：550元

低烹慢煮

60道完美易學的低溫烹調食譜，
家庭廚房也能端出專業水準的Sous Vide料理

如何做出切面粉嫩、肉汁飽滿不乾柴的完美料理？
祕密就是——Sous Vide低溫烹調
大廚教你活用家中各種工具，
電鍋×烤箱×瓦斯爐×水波爐×保溫容器×低溫烹調機
只要控制好料理的溫度與時間，就能保有食材最佳口感。
學會這個技術可以讓廚藝愛好者在家就能做出餐廳等級的
料理。你不一定要購買專業器材，只要運用家裡就有的基
本工具，家庭廚房也可以端出五星級美味！

作者：林裕森
定價：580元

歐陸傳奇食材
巴薩米克醋、貝隆生蠔、布烈斯雞、鹽之花、伊比利生火
腿、帕馬森乾酪、藍黴乳酪、黑松露、白松露

耗時兩年多的實地採訪，走遍了西班牙、義大利和法國，
將歐陸各地的傳統地方食材一網打盡，這些膾炙人口的歐
陸獨特食材，保留了自古以來的傳統與風味，每種食材就
像是在原產土地上發根長出來一般，是別處無法仿效與複
製，各自代表了不同領域裡的美味典範。然而這些頂尖食
材，除了白松露外，並非完全高不可攀，有些甚至是當地
人生活裡最日常的美味與記憶。本書將這些食材的歷史起
源、自然條件、生產過程、風味特色、辨別方法、烹調方
式等逐一詳加介紹，讓讀者在垂涎的同時，也能領略到自
然與土地的巧妙結合。

作者：福家征起
譯者：連雪雅
定價：420元

鹽漬、油封、烘烤、冷藏
食材的熟成與活用

從熟成牛肉到熟成蛋糕，在自家廚房也能端出極致之味
鹽漬／油封／烘烤／冷藏，主廚級四大熟成法提引出食材
深度，愈是新鮮的食材，愈要利用熟成封存鮮味。

本書是日本熟成料理專門餐廳——「下北澤熟成室」店主
為小家庭重現的食譜，讓一般人在家就能輕鬆製作出餐廳
級美味。從前菜到湯品、主菜、副菜、甜點，另外還有常
備菜、下酒菜等多元且豐富的菜色，道道皆是值得等待的
頂級享受，從製作到品嘗，親自體會用耐心孕育的美味。